U0163442

人类还有未来吗

何怀宏 著

HUMAN CIVILIZATION
AT RISK

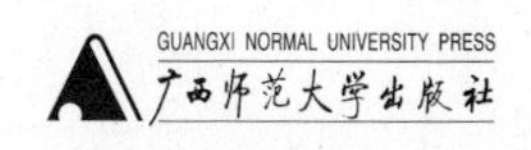

·桂林·

RENLEI HAIYOU WEILAI MA
人类还有未来吗

出 品 人：刘景琳
责任编辑：凌金良
责任技编：秦雪虹
装帧设计：蔡立国

图书在版编目（CIP）数据

人类还有未来吗 / 何怀宏著．—桂林：广西师范大学出版社，2020.8（2021.1 重印）
ISBN 978-7-5598-2903-0

Ⅰ．①人… Ⅱ．①何… Ⅲ．①人工智能－技术伦理学－研究 Ⅳ．①TP18②B82-057

中国版本图书馆 CIP 数据核字（2020）第 099774 号

广西师范大学出版社出版发行
（广西桂林市五里店路 9 号　邮政编码：541004
网址：http://www.bbtpress.com）
出版人：黄轩庄
全国新华书店经销
山东韵杰文化科技有限公司印刷
（山东省淄博市桓台县桓台大道西首　邮政编码：256401）
开本：787 mm × 1 092 mm　1/32
印张：8.5　　字数：140 千字
2020 年 8 月第 1 版　　2021 年 1 月第 2 次印刷
定价：49.80 元

目 录

何以为人　人将何为

——人工智能的未来挑战

高科技在人工智能领域的迅猛发展已经颇值得我们重视，它提出了一些重要疑问与挑战。这些疑问需要一种深入的思考和阐释。我这里想做的只是试图通过重新思考人与物的区分，简略回顾一下人类文明以及人对物质与技术的态度——从“学以成人”到“学以御物”的转变，以求尽可能清楚乃至尖锐地呈现几个问题，尤其是对一些预测者对未来“人将何为”的设想提出一些质疑。

一　高科技时代的机器正在学以“成人”乃至“超人”？

在此所说的“学以成人”自然是字面上的，我们今天观察机器学习、深度学习等人工智能的领域，的确不难得出这样的印象：各种机器、设备是在多么“努力”——

至少比大多数人远为“努力”地在模仿、学习乃至超越和取代人的各种功能，虽然当前这后面还是少数研发人的努力。

目前在机器人方面虽然还没有像互联网和移动终端这样已经广泛而深入地介入我们日常生活的大众化产品，但是，中国乃至世界一些大的高科技公司似乎都在投入巨资进行大规模的研发和试验，并有可能在不久的将来酝酿出大的突破，且如果成功的话，将产生很大的社会影响。仅就无人自动驾驶而言，如果能够变成安全可靠的普及性产品，将意味着上亿名驾车者每天都能多获得属于自己的一些时间，也就等于延长了自己的生命。而如果共享汽车实现的话，甚至都不必拥有自己的汽车，当然，这也就意味着将有数以千万计的专业司机可能失业和汽车等工业企业的大幅改造与重组。

的确，目前人工智能的成果还多是展示性的，如“阿尔法狗”战胜了人类最复杂的智力活动之一——围棋的世界的顶尖高手，人机对弈看来已经可以得出机器获胜的结论。机器还进入了一些过去专属于人文艺术的领域，写出了诗歌，谱出了歌曲，有自己的画作，其中有些作品甚至“人机莫辨”，机器人似乎不难通过一种“图灵测试”。[1]

有些研究和预测者已经做出了令人吃惊的预测，认为随着机器的深度学习、脑机融合、基因工程等技术的发展，在50年内，将有超过50%甚至90%的现存人类职业由机器来代替，乃至世界不久将达到一个科技飞速发展的奇点（Singularity）[2]，碳基生物将变为硅基生物，人类将战胜死亡，

---

① 微软的“小冰”最近有了她的诗集《阳光失了玻璃窗》。IBM的“偶得”能够写古诗。最近一个上了CBS电视台60 Minutes等电视节目的女机器人Sophia不仅面容姣好、形象逼真，而且能够随机应变地与人交谈，做游戏，还会讲“冷笑话”。

② 奇点主义者认为在不远的未来即将发生的超级智能的产生就是所谓的“奇点”，其主要倡导者，曾任谷歌工程总监的库兹韦尔（Ray Kurzweil，1948—　）著有《奇点迫近：当人类超越生物》（*The Singularity Is Near: When Humans Transcend Biology*，2005），其中谈到：“在‘奇点’到来之际，机器将能通过人工智能进行自我完善，超越人类，从而开启一个新的时代。”他创办了奇点大学，在最近的一次专访中谈到，人类在2020年前后，将开始使用纳米机器人接管免疫系统。到2030年，血液中的纳米机器人将可以摧毁病原体，清除杂物、血栓以及肿瘤，纠正DNA错误，甚至逆转衰老过程，开始走向永生，而到2045年将实现永生。对超人工智能感到悲观并持反对意见的特斯拉CEO埃隆·马斯克则将人工智能比作危险的核能，正筹备“火星殖民”项目，计划从2024年开始，逐步把100万人送上火星，并在火星建立起一个完整可持续的文明。马克拉姆（Henry Markram，1962—　）主持洛桑联邦理工学院（EPFL）的一个蓝脑计划和人类大脑计划，计划使用蓝色基因超级电脑运行神经元模拟软件，旨在最终揭示意识的本质。他预测2020年前后，就可以将人类与他们发明的机器合为一体。当然，很多人，包括许多科学家对此持怀疑和批评态度。

但这也可能意味着有机体的“智人”的死亡，人将由“智人”变为“神人”。[①]

这样的预测中有没有吸引眼球乃至耸人听闻的因素？大概有，或者说是一种对高科技的狂热信心和兴奋所致。变化的速度看来不会这么快。但我们也要考虑我们数十年前也不会想到互联网及移动终端等技术的发展会如此迅猛地改变我们的日常工作与生活。在一些标志性的成果产生之前，还不能完全排除有另一种危险，比如说出现将人打回到石器时代的“核冬天”等生态灾难。但是，人工智能的确已经大量进入了我们的生活，比如手机中能和我们对话的语音助手，而一些将让我们吃惊的完整的大众化产品似乎也指日可待。

如果从一个普通人的眼光、用非准确的科学语言来尝试对未来的这一趋势做一下分类的话，或许大致可以说，一个方面是机器作为外在的工具，人的各种功能的延伸方面的发展：机器正从模仿学习和替代人类比较专一的单项功能，走

---

① 赫拉利的《人类简史》(原书名正标题为“Sapiens”，智人）与《未来简史》(原书正标题为“Homo Deus”，神人），两书提供了一个从过去“智人”到未来“神人”的连贯叙述与具有哲学意义的解读和预测，据说这两书的中译本各发行了100多万册，对中国社会，包括知识界产生了较大的影响，可以作为一个很好地进行思考、分析和辩驳的文本。

向自我深度学习和把握人类的相当复杂和全面的活动。就像上面所说的无人自动驾驶汽车，这是相当综合的功能，包括对整个行车环境中无数偶然因素的评估，需要机器做出一种全面的分析，乃至有时要做出伦理的判断，像在遇到无法避免事故的情况下优先救谁的问题。

另一个方面则是内在的。即在肉体的方面，是高科技的发展深入人的身体内部，人的退化和受损的器官可以得到修补乃至更换，一些富有者甚至有可能通过这些不断的更换达到不仅保持健康，而且不断提升健康，乃至达到近乎长生不老的地步。一些人或许还试图通过不仅是体细胞来治疗疾病，而且通过生殖细胞的基因编辑来一劳永逸地改变人的性状。总是有人会有通过基因工程来选择智力乃至性格最佳的后代的愿望的，而技术上看来也有了这样的可能。

当然，以上这两方面并不是截然分开的。人的外在和内在功能可以结为一体，甚至最后的发展一定是结为一体或者“超体”。通过基因工程、芯片植入和脑机融合等技术，使人本身越来越强大，越来越健康，最后到一定的时候可能达到这样的程度：这时已难以分辨在一个“人”身上，是原有的成分更多呢还是后来的成分更多，是人的成分更多呢还是机器的成分更多，但只要持续下去，就肯定还是后来的成分更多。

于是大概有一天就会像雅典人说那条保留在海边作为纪念但需要不断修补的忒修斯的船："这还是那条船吗？"人们也将问道："这还是那个人吗？"

当然，更便捷的办法，就是干脆不考虑肉身，直接制造出非有机体的"新人"或"超人"。未来将可能出现这样的机器人：她（他）们不仅有超强的记忆和计算能力，什么事都能干或者都能学会干，不论粗活、细活，里里外外都是一把好手，在外可担当工作的重任，在内烹调、管家样样都行，她（他）们外表也可以很像人，当然比一般的人还要美（或者按人的喜欢定制），她（他）们能插花、说段子、写诗、作画，优雅地接待客人，是沙龙的好主人。甚至有人预测，性爱机器人将越来越逼真，乃至具有情感功能，这样将使大批风尘业者失业。人甚至可以和这样的机器人组成家庭，实行"人工生殖"，有自己的后代。她（他）们最初或还是人的助手或伙伴，但或许哪一天也会将人踢出局而成为主人。

这样，两极相逢，我们或许在哪一天将看到一个新的物种。它们非人非物，但又亦人亦物。它们是"超人"，也是"超物"。开始人还能驾驭它们，以后就说不定了。它们最后大概会看不上人的容易变化的情感、易犯错误的理性和薄弱的意志，更看不上人的脆弱的肉体和终有一死。它们生命的基础最后不再是碳，而是硅，它们甚至将作为一个新的物种取代人类。我们上面的描绘还是着眼于家庭这一人类社会的细胞，但那时家庭和社会的组织都会发生天翻地覆的变化。新的物种将有新的社会组织形式和生活方式。

二　何以为物？何以为人？

今天人与物的界限似乎正在变得越来越不明显。但我们还是可以试着区分一下，人当然也是一种自然物，是从自然界里产生的，但作为一种在地球上可以与其他自然物对照的物种，或许还可区分出：自然物—人—人造物。人类在采集狩猎的阶段，只是从现成的自然物获取生存的能量，到种植畜养的农业文明阶段，则开始培育和改变原本纯粹的自然物，直到今天的转基因植物乃至动物，以及将原材料完全改变或合成新的“人造物”。今天的人甚至开始考虑改变和转化自己的身体，总有人会不停地探索未来“转基因人”或新的“硅基生物”的可能性。而自工业文明产生以来，整个地球上的生态——气候、大地与海洋等，包括矿产等种种原生物也无一不受到人类活动的影响。地球越来越变得“人化”，但是不是也存在一种“物化”的趋势，乃至人将来会不会被重新“物化”，这都是有可能的。所以，我们大概要一次次地重新思考“何以为人？何以为物？”

的问题。

诸如“人是两足、无毛的动物”“人是直立的动物”“人是大脑特别发达的动物”的定义，这是试图从外形和身体上区分人与其他动物。还有从活动上区分，比如“人是能够使用工具的动物”，但更重要的自然还是内在的划分，如“人是有意识的动物”，人是“万物之灵长”，“人是有智慧的‘智人’”，“人是有正义感和善观念的动物”，等等。尽管从起源发展上难以非常明晰地区分外在与内在的活动如何互相影响或何者更占主导，但从现实的人，或者说是进入文明阶段以来的人与物的根本区别来看，大概“人有意识”是最重要的，包括这种意识的表达和传承方式，如语言、文字等波普尔所说的“世界三”一类的产品。

人的“意识”既包括人特有的东西——如理性，思想，自我意识，长远计划，独特的道德感，对信仰的追求或坚定的信念等，也包括其他动物也有的，但在人这里却是大大丰富和特殊化了的情绪与感觉——如五官的感觉（有进化也有退化），快乐与痛苦，同情，乃至对某些比较抽象的东西的直觉等，以至我们可以说这些人的情绪和感觉与其他动物的情绪和感觉也有了一种质的不同。它们也包括在“人的意识”之中，而不再只是单纯的“动物感觉”。“人有意识”也可以用“人有灵魂”或者“人有心灵”“人有灵性”的说法来表示，即侧重于“心物”“灵肉”的区分。人经常被视作“万物之灵”，即便在有些反对以人为中心的生态主义者那里，也主张人应该成为万物的道德“代理人”（agent），即人有意识而其他动物没有，故而动物无法成为道德的主体，必须由人来代理，所以，人恰恰应当用他特有的意识或者灵性来关照其他物种和物体，而不是不闻不问乃至伤害践踏。

但是，自近现代以来，的确还有另一种思路，即认为人与动物没有多少差别，或者说更强调人与动物的联系而非区分。比如莫里斯的《裸猿》《人类动物园》、威尔逊的《社会生物学》《论人的天性》等。威尔逊认为，基因是一切机体行为的真正原因，任何机体，包括人的行为从本质上说都不过是基因复制自身的技巧和策略。

而更进一步的思路则是最近如库兹韦尔、赫拉利所倾向和介绍的观点。其较早的思想渊源或可追溯到如18世纪的《人是机器》。其作者——法国的启蒙哲学家拉·梅特里在该书中认为，心灵其实只是一个毫无意义的空洞的名词，心灵的一切作用都是依赖于脑子和整个身体的组织的，那么，这些作用不是别的，就是组织本身。因而，我们只能说：“这是一架多么聪明的机器！”它不过就是“比最完善的动物再多几个齿轮，再多几条弹簧，脑子和心脏的距离成比例地更接近一些，因此所受的血液更充足一些，于是那个理性就诞生了；难道还有什么别的不成？”[①]“人的身体是一架钟表，不过这是一架巨大的、极其精细、极其巧妙的钟表。”[②]“一个钟表匠要花很大的力气才能创造一架最复杂的钟表，但是自然却非常胜任愉快地创造了亿万个人……一个最美好的天才也不比一束麦穗需要自然花更大的力量。”[③]《人是机器》的结论可能不让人喜欢，却可能恰恰是预测到了近代以来科技发展的一个方向，“人是机器”的思想也是可以容易地转换为“机器是人”的思想的。

将人等同于机器或者机器等同于人的关键，是否定人有灵魂，甚至人有心灵这一一向被看作人与其他物——包括动物——的根本差别。赫拉利写道：“科学家已经让智人做过千千万万种怪异的实验，找遍了人类心脏里的每个角落，看遍了大脑里的每一个缝隙，但仍未发现什么特殊之处。完全

---

① ［法］拉·梅特里:《人是机器》，顾寿观译，王太庆校，商务印书馆1981年版，第52—53页。

② 同上书，第65页。

③ 同上书，第71页。

没有任何科学证据能够证明人拥有灵魂，猪则没有。”[①] 如果说“灵魂”还与宗教有关，那么对一般人都可接受的“心灵”，赫拉利承认目前科学对心灵和意识的理解还少得惊人，“大脑里的各种生化反应和电流是怎么创造出痛苦、愤怒或爱等主观体验的，至今无人解答”。[②] 但他追问道：如果一切心灵的活动都在我们的神经元网络中，那么何必把心灵独立出来？如果心灵高于神经网络，那它究竟在哪里存在？如果我们无法解释心灵，也不知道它有什么功能，为什么不干脆放弃这个概念？[③]

赫拉利以我们目前还不知晓心灵是什么就急于否定它的论据是不够的，而且，到物的构造中去寻找心灵和意识可能根本上就是个错误的方向，找到的也只是一些相应的生理上的反应，却无法说明这种反应的原因和内容，也无法依据这种反应来判断一个人。寻找心灵和意识应当主要从自我的意识体验和人类的意识产品中去寻找。我们稍稍反省一下自己，就会发现我们的主观意识的体验是多么丰富、复杂、深刻和

---

① ［以色列］尤瓦尔·赫拉利：《未来简史》，林俊宏译，中信出版社 2017 年版，第 92 页。

② 同上书，第 97 页。

③ 同上书，第 101—103 页。

难以预测，我们也能发现这种体验有一种连贯性。我们在此或许可以通俗地谈谈灵魂或者说“心灵”，即它是我们意识的核心和主导，它具有一种连贯性和统一性，我们的“自我”正是在这之上耸立。它或许和我们的身体有一种不可分割的联系，但这是指作为肉体生命存在的整个身体，而不是指任何一部分。我们是能够通过我们的主观体验感受到我们的“灵魂”或者说意识中的“灵性”的。说人的意识是具有“灵性”的，是指我们意识的复杂性、飞跃性、创造性，包括各种灵感。我们的确没有在地球上的其他动物、有机物，更不要说无机物那里发现这种意识，而且我们的这种主观意识是可以通过语言文字或者其他媒介来客观传达的，我可以向其他无数的人——包括远方的人和后世的人——传达我的思想感情，我也能从其他无数的人的作品中获得美感或灵感。我们可以相互交流和进行传承，包括新的创造也往往要借助于这种文化的传承。一个人的主观体验自然是会有盲点的，一个人的主观体验也是有待确证的，但我们还可以从人类的文字、语言、视觉和听觉艺术等多种形式去确证这一意识及其灵性，我们可以从这些作品中发现与自己体验的共鸣，也包括发现新的意识经验的内容。

赫拉利倾向于低估人类的这些意识经验和产品。他认为这些都是“虚构”，是“想象”，是“说故事”。说这些“虚构”的“故事”如果说得让许多人相信了，当然也能产生真实而强大的力量，如国家、公司与法律。但是，这些“故事”毕竟是“虚构”，主要是提供意义而非力量。人能够通过虚构的故事来编织意义之网，发明语言、文字、货币等，组织大规模的合作，历史上最大的一个虚构是宗教，宗教的意义只在于维持和巩固世俗秩序。其他能够提供意义和维持秩序的观念及其形态也都可以说是“宗教”。而所谓“现代”也就是一份契约，本质就是人放弃意义而换取力量。现代人淡化甚至放弃了传统宗教，而将人文主义（Humanism）作为一种新的“宗教”，这种现代人文主义“宗教”的特点在政治上就是看选票，在经济上就是“消费者永远是对的”，伦理上则是你的主观感觉是正当的就是正当的，你就去做。判断真实与虚构的是感觉。国家、公司这些东西没有感觉，不会感觉到痛苦，它们的来源乃至性质就是虚构的。所有人的意识及其产品都是“虚构”的，都是“讲故事”，而且这些“故事”和意义也只是工具，不应该是目标。

赫拉利倾向于通过抬高感觉——而且是和动物一样的感觉，主要是快乐与痛苦的感觉——和贬低思想、意识、观念来说明人和动物没有多少差别，也可以进一步说，人和其他生物也没有多少差别，所有的生物都是一种算法，生命就是算法。由此，他也倾向于认为所有的意识和观念都是等价的，都是“虚构”，如果它们能使人信服，也就是有用的“虚构”；如果它们不再能让人信服，那就是过时的、不再有用的“虚构”，就可以被我们抛弃。这里不再有一些各个历史时代，各种文化与文明中共同的东西，也不再有永恒和持久的东西，乃至没有真伪和高下之别。

然而，人特有的精神文化在人们的生活和文明发展过程中是否只具有这样一种意义和地位？人是不是还可被视作高于苦乐、高于温饱的存在？天地间是否还有客观的，如滔滔江河一样运行的正义？如果所有的观念都是可以等量齐观的“虚构”，是否就将使人们处于对观念无法选择乃至无法做任何评价的地步？我想，许多人的人生体验是会拒斥上述的观点的。我们观察一下人类精神留下的诸多杰作，也让我们无法接受这一观点。但你可能也真的不容易说服一个从来没有过这样的内心体验的人，一个从那些杰作中除了有用、苦乐之外看不到任何别的东西的人，但是，如果人真的如此，人不是应当感到悲哀而不是无动于衷乃至欢欣鼓舞吗？

我们且不谈这些可能有点形而上或价值观的问题，还是来略微分析一下机器已经达到了什么程度和人类还剩下一些什么。

先说最让人类感到沮丧的棋类，机器在 20 世纪末就战胜过国际象棋的人类大师，在最近又几乎可以说是在围棋界“打遍人类无敌手”。的确，在一些特别依赖于计算和记忆的人的智力活动的领域，机器是很有可能超过人的。但是，即便在这种活动中，机器也不知道它自己在做什么——它只是一步步地计算，对这整个活动没有意识，它自然也是没有感情的，不会崇敬或鄙夷。下棋的人不会觉得是在和它“手谈”，对弈之后不会想到和它喝一杯。它也不会胜喜败悲，它甚至连和谁比赛或者这是比赛也不知道，当设计和管理的人宣布它今后不再参加这样的比赛了，它也就不会参加了。棋手们的确会有些沮丧，但也不用太沮丧，他们只要想想，在这台机器后面还有多少人做了多少年的工作，研究过多少人类已经对弈过的积累下来的棋谱。这台机器人也只会做下棋这样一件事。而任何一个棋手，比如吴清源，还有自己多么丰富多彩的一生。人类以后还会继续在一些领域遭受败绩，他们也必须承认自己在某些领域将“技不如机”，尤其是那些特别依赖数据和计算能力的领域。那的确是我们的弱项，我们得承认我们任何人的计算和记忆能力都不如机器。

但许多最重要的发明创造，甚至包括自然科学的创造，并不那么依赖计算和记忆能力。最好的记忆和计算能力有时还可能遏制最富有想象力的发明创造。爱因斯坦在课堂上记不住一些数学物理公式，只好请下面的学生来提醒，但正是他创立了相对论。一个苹果从树上掉落会触动一台机器的灵感吗？或者说，一台机器会想到把一个咬了一口的苹果作为它的公司标志吗？我们看到许多技术发明也是来自一些似乎完全无关的偶然事件所引发的灵感或联想。且不说人文、艺术的创造，一些自然科学和技术的重大发明，也时常爆发在你根本不知道需要什么知识却突然灵感乍现，将一些原本看来不相关的知识联结到一起的时候。哈耶克曾在一次名为“理论的思想之不同类型”的讲演中谈到有两种不同类型的学者，第一类是“头脑清楚型”（clear-minded type），第二类是“头脑迷糊型”（woolly-minded type）。后者思路和表达不甚清晰，却常常能在别人觉得不是问题的地方发现问题，做出重大的创造。[①]

有一些需要考虑语境和情绪的活动，比如即时的口语翻译，机器可能还是能够做好，甚至也能够表现得相当个性化，去适应一个人的情绪、情景和口音，但它的确只能去适应。永远是适应。至于更高要求的写作，机器目前也取得了一定的成绩，似乎也只能够写出一些不仅大致符合规矩，乃至有意象、有美感的诗句，但说它“写出”、说它是作者其实还是

---

① 转引自林毓生《学术工作者的两个类型》。

不太真实的，它还只是按照一定的规则或韵律，在无数的字词拼合中偶然得到一些还像诗的东西，而从它海量的作品中判断与选择出极少的一些这样的“作品”的还是人。机器在拼合这些字词时的确有无限快速的试验机会，甚至有穷尽几乎所有组合的可能，但它永远不知道自己在做什么，它自己也无法选择，所以说，这些“机器诗歌”（还有“机器作曲”）的真正作者其实还是做选择的人。机器的优势只是它能远比人快速与海量地做出各种字词的拼合，它也许还能根据人的选择和评判不断地改进自己。它也可以尝试一种“类型化的写作”，设计好大致的情节、人物并进行各种各样的字词填充。我们不否认的确可能产生这样的作品，甚至有不少人愿意看，但它们永远只会是二、三流作品。机器甚至也能写出大量旁征博引、让人看不太懂但似乎“深奥”的学术作品，但它也只能唬住那些只是羡慕这种似乎充满知识的博学的人们，或者吸引一味炫奇的人们。机器无法真正形成自己的思想观点，那是要依靠一个人的全部所学，尤其是理性、感情和价值观的。目前机器在人文艺术领域看似比较“成功”的也还只是这样一些简单的诗句、曲谱，它们有时的确可以做到“人机莫辨”，但正如我们上面说过的，后面还是人在选择。

从无数的机器“作品”中，大概总能找到几首像人写出的短小作品。而在戏剧、长篇小说、历史、哲学、神学等领域，这样的拼凑是很难的。机器的“写诗”可能偶尔会蹦出一些好的意象（或不如说是好的字词搭配），与之形成对照的却是大量的“垃圾”，而像杜甫、李白这样的诗人写的每首诗都是达到一个高水准的，许多还是信手拈来。可以设想，有一台机器，有无限的时间，哪一天在文字的几乎无限的组合敲击中恰好敲出了一部《莎士比亚全集》，但这还得有人及时地叫道：“好了，停住！”就是说，它还得先有一个人类杰作的样本和有人叫停。极高速的计算或许不难，那一瞬间的叫停却颇为不易。而即便能够做到这一点，这样的写作是否真的是创作？这样的写作又有何意义呢？[①]

---

① 中国作家韩少功最近在《读书》2017年第6期发表了一篇名为《当机器人成立作家协会》的文章，谈到机器人的写作未来至少可胜任大部分的“类型化”写作。但是，“作为一种高效的仿造手段，一种基于数据库和样本量的寄生性繁殖，机器人相对于文学的前沿探索而言，总是有慢一步的性质，低一档的性质，‘二梯队’里跟踪者和复制者的性质”。“人类曾经在很多方面比不过其他动物（比如嗅觉和听觉），将来在很多方面也肯定比不过机器（比如记忆和计算），这实在没什么大不了的。但人类智能之所长常在定规和常理之外，在陈词滥调和众口一词之外。面对生活的千差万别和千变万化，其文学最擅长表现名无常名、道无常道、因是因非、相克相生的百态万象，最擅长心有灵犀一点通。”

赫拉利谈到人造物可能会比人更了解我们自己，比如我们用 kindle 读书，它也在细致和长期地记录我们的阅读爱好，从而为我们推荐和选择读物，甚至它能够在我们做人生极重要的选择——选择伴侣——时替代我们做出决定。但就读书来说，这些推荐的确能给我们带来一些方便，但我过去的读书记录并不能充分说明我以后的读书取向，我可能在某个时候转向，做出一个大的转折乃至翻转，这时我的选书就可能有大的调整甚至逆向选择。而机器的记录只能跟从我，它无法预知我可能的转折。还有其他对我行为的记录也是一样，机器是否还理解我们在某些时候宁愿犯错也想尝试一条全新的路的愿望呢？它是否还知道我们觉得这种犯错甚至就是我们青春的一个特权呢？我们有时很想通过犯错来学习。犯错算什么，我经历过了，我记住了，我可以改弦更张，这就是人生。还有当我要做出人生非常重要的一个选择——选择伴侣——的时候，我自然也可以参考机器对我事无巨细的记录，其中或许反映了我的价值取向，但我们可能还是不会想让机器做自己的决策人。它可能比我们理性，但我们还有感情。机器能够知道什么叫"一见钟情"吗？自然，我也还是可能犯错误，但它知道作为一个能够自我选择的主体的尊严和骄傲吗？

的确，人在未来的许多事情上很可能还要继续输给机器，将可能有越来越多的工作要让机器“代劳”或者说“外包”给机器，甚至到最后人剩下的东西不多了，但这最后剩下的却恰好正是最能标志出人与动物的根本差别的东西，是人之为人最特殊也最重要的东西，这就是人的意识，包含了理性、感情和意志等。就凭这一小点，人就可能大大地超越于物，或者我们谦虚地说有别于物。[①]

三 人曾何为？人将何为？

人与物的关系，或者说人从自然物中分离出来与之形成

---

① 另外还有道德方面的考虑。比如爱，爱也是虚构的甚至虚幻的吗？在人工智能领域倾注了多年心血的著名专家和投资人李开复写了一篇文章谈到他的体会。他谈到在深度学习与多种机器学习技术得以有效结合之后，人工智能已经被证明能够在诸多像棋类、人脸识别以及语音识别的单一领域与人类相匹敌，甚至超越人类。但他不认为人工智能能够取代人类，这不仅是因为真正能威胁到人类的通用人工智能目前并不存在，而且人类也没有任何已知的途径和方法能够实现这样的通用人工智能。但更深的原因则是在爱与被爱的能力上人类是独一无二的，这也是人类能够提供给彼此的最佳特质。这一认识和他2013年9月被确诊为淋巴癌四期之后的人生体验有关，此前他是一个每天不愿睡觉的工作狂，这时他却深深地懊悔自己一直忽略了自己最爱的人，于是改变了自己的生活方式，更多地和亲人与朋友在一起。见澎湃新闻网（上海），2017-07-13，原标题：《李开复：与死神擦肩后方知，人类与人工智能的最大区别是爱》。

对照，并进一步发展，也可以说是一个文明进程的问题。人先是努力从肢体和大脑上要成为人，进入文明社会之后则努力想从精神上要成为人。农业社会尽管物质资料匮乏，但毕竟有了剩余产品，有了劳心阶层，它的物质生产和经济科技发展的速度比起它前面的历史虽然是极快的，但比起它后面的历史来又还是极慢的。

早在近2500年前，雅典的悲剧作家索福克勒斯在他的《安提戈涅》中就给出了人之所为、人之属性与文明的一首著名合唱歌：

第一合唱歌

歌队（第一曲首节）奇异的事物虽然多，却没有一件比人更奇异。他要在狂暴的南风下渡过灰色的海，在汹涌的波浪间冒险航行；那不朽不倦的大地，最高的女神，他要去搅扰，用变种的马耕地，犁头年年来回地犁土。

（第一曲次节）他用多网眼的网兜儿捕那快乐的飞鸟、凶猛的走兽和海里的游鱼——人真是聪明无比；他用技巧制服了居住在旷野的猛兽，驯服了鬃毛蓬松的马，使它们引颈受轭，他还把不知疲倦的山牛也养驯了。

（第二曲首节）他学会了怎样运用语言和像风一般快的

思想，怎样养成社会生活的习性，怎样在不利于露宿的时候躲避霜箭和雨箭；什么事他都有办法，对未来的事也样样有办法，甚至难以医治的疾病他都能设法避免，只是无法免于死亡。

（第二曲次节）在技巧方面他有发明才能，想不到那样高明，这才能有时候使他遭厄运，有时候使他遇好运；只要他尊重地方的法令和他凭天神发誓要主持的正义，他的城邦便能耸立起来；如果他胆大妄为，犯了罪行，他就没有城邦了。我不愿这个为非作歹的人在我家做客，不愿我的思想和他的相同。[①]

这首合唱诗相当全面地给出了人类当时已经达到的文明成就和文明的基本特征，人在经济方面已经从采集狩猎转向了主要通过耕种与畜养、航海贸易（还有作战）来获取物质资料，在社会政治方面则建立了城邦国家，养成了遵守天律和社会生活规则的习惯，而最重要的是他在精神和意识方面学会了“怎样运用语言和像风一般快的思想”。

---

① 我这里采用了罗念生比较明白、通俗的译文，见《罗念生全集》卷二，上海人民出版社 2004 年版，第 305 页。

但这首合唱诗也指出了人类的限度和弱点：即人虽然能够避免许多疾病，但仍不免一死；在技巧方面他有高超的发明才能，但这也可能“有时候使他遭厄运，有时候使他遇好运”；而社会方面，也总是还会有胆大妄为、为非作歹者。它给出了一幅相当完整（包括人对其他物的强大优势，也包括自身局限和弱点）的人类自画像。在希腊原文中，“奇异”有两方面的含义，既有“神奇的、机灵的、强有力的”的意思，又有“可畏的、可怖的、骇然的”意思。[①] 合唱诗提示了一种可能性，即人可能正是因为自身的强大而变得可畏，生产出反对他自己的东西来。他首先使大地不胜“搅扰”，改变自然的事物的秩序；他还会使社会乃至人自身不胜“搅扰”，

① 据说荷尔德林第一次翻译这首诗时将“奇异”（δεινos）译为“强大”，第二次将其译为“骇然”。中文有的人将其译为“诡奇可畏”（根据英文 uncanny），而人则是这“诡奇可畏的至甚者”（δεινοτερον）。海德格尔认为，“只有在科学解释一无所获之处，科学解释把一切超越其领域的东西都打上非科学的标记时，才能觅得本真的东西”。在这首合唱诗中，正是人的这一定义“人，一言以蔽之，即诡奇可畏至甚者”，为这首合唱诗提供了一种内在的完整性，并以语言的形式支撑和贯注了这种完整性。“成其为诡奇可畏至甚者是人之本质的基本特征，其他一切特征都必须划入这一基本特征。”这一解读，亦可视作人的意识能够达到何种深度与复杂的一个证据，大概是机器人永远也做不到的。

改变社会乃至人自身的外在与内在的秩序。

古希腊人追求人的多方面的卓越：身体竞技与战斗中的优胜；政治的平等；个人的自由；城邦的独立与繁荣；勇敢、智慧、节制、公正诸德性的完美；对诸神的虔敬与接近，艺术美的创造与哲学的沉思等。他们重视物，重视经济与贸易的发展，也表现出技术的发明才能，但他们并不将物质生活的不断提升放在首位，他们对自然的纯粹好奇与对科学理论的关注可能还超过对实用技术的关注，而对人文艺术的兴趣又超过对自然的兴趣。在不到两百年的时间里，在大多数时候人口不足 20 万的雅典，他们在视觉艺术（尤其是雕塑、建筑）、戏剧、诗歌、史学、哲学与政治制度和理论等方面都创造出令后人叹为观止的文化奇迹。后来的西方世界进入基督教社会，终极的关切与安顿不在此岸而在彼岸，对物质与技术的发展有了一种明显的贬抑，对人文艺术也有一种压抑，但在精神信仰的追求上还是达到了非常彻底的程度。

没有将致力于物质利益的经济和技术放在首位，不仅是西方，可能也是古代文明与传统社会主流价值观念的一般特点。中国传统人文是典型的人文，即有别于宗教的人文。

"学以成人"的核心是以做人为中心的传统伦理学。古代中国的优越者所求的“三不朽”是“立德、立言、立功”，而后来更将“立德”不仅放在首位，而且居于中心。普通人所追求的“不朽”则是家庭的伦常和子孙的延续。中国古代儒家倡导的“学以成人”主要是研习人文的学问，“希圣希贤”，力图成为道德的君子。即便扩展到道家等其他思想流派，对所要成为的“人”的目标的理解与儒家有所不同，但大要也还是不离以精神的、道德的人为中心的路向。道家则比儒家更强调精神与自然本真的联系，更反对人对自然的干涉，因此也比儒家更拒绝人为的技术，故《庄子·天地》中有言：“有机械者必有机事，有机事者必有机心。机心存于胸中，则纯白不备。”儒家在政治上更积极，在经济上也主张“利用厚生”，但许多士大夫心底也还有一个道家，这给了他们一种比较超脱的视野与心态。后来进入中国的佛家则更是淡化物欲的，所以说，无论朝野，宫廷与民间，主导的价值观都是有些压抑物质追求的。

古代中国人物质生活的基础是一种不求经济和技术突飞猛进的农业文明，其主导的儒家思想努力的方向是一种精神和道德生活的指向，即主要是向内用力，为己之学，重心在自我修养，再扩展到人伦与政治关系。《礼记·大学》提出“止于至善”和格物致知、诚意正心、修身齐家、治国平天下的“三纲八目”，这对一个文化道德精英的团体来说，从一开始就是“八目”贯通的，即从格物致知开始就是以道德人文之“学”为主，但是，如果应用于整个社会，则可理解为，一种文化道德的差序与社会的等级差序大致相应。少数人一开始就正心诚意，“止于至善”，不仅“修齐”，还需“治平”，“以天下为己任”，而多数人则“修齐”足矣，与“治平”无涉，但自“天子以至于庶人，壹是皆以修身为本”。当然，即便是少数人有希圣之愿，治平之志，这个门却是向所有人敞开的。只是在传统社会的结构中，可以有把握地说，只有少数人能够甚至愿意真正进入这窄门。所以，历代都有劝学篇、劝学诗。晚清张之洞的《劝学篇》，虽然已经加入了向物用力的“求富强”的内容，但还是强调“中体西用”。直到20世纪，这一基本的价值观念才发生了根本的动摇与变化，最后中国也汇入了全球以经济为中心的现代社会的发展轨道。

这一引领了全球的价值观念的滥觞，则可追溯到近代西方。现代社会经济的飞速发展与科技的辉煌成就，从价值追求上可溯因于人类近代从“学以成人”到“学以御物”的转变。人类虽然在两三千年前的“轴心时代”就已经在精神文化和艺术上表现得足够聪明，足够智慧，但看来它长期并不以追求经济、科技的不断发展和物质的成就为自己的主要或最高目标。它主要不是向外用力，而是向内用力。只是到了近代的入口，才有了一种主导价值观的转变。

这一新时代的价值观的转变我们或许可以举培根为例。培根的《新工具》等著述或可看作西方新的“劝学篇”，但这一“劝学”显然是与传统中国的“劝学”很不一样的，它崇尚“知识就是力量”，主要是向外用力，向物用力，其格物致知主要是对物理世界的格物致知。

培根在《新工具》中谈到，此前25个世纪中，“我们好不容易才能拣出6个世纪是丰产科学或利于科学发展的”。即在希腊人、罗马人和离他最近的西欧各民族的三期中，即便说每一期中有这样的两个世纪“都还很勉强”。而“即使在人类智慧和学术最发达的那些时代里，人们也只以最小部分的苦功用于自然哲学方面”，早期人们多专心于道德学与政治学，在基督教壮大之后，“绝大多数的才智之士都投身于神学去了”。自然科学过去两千多年之所以只有微小的进步，还因为人们被崇古的观念，被先前伟大人物的权威和希望得到普遍的同意这三点禁锢住了。[①] 而培根认为现在应该

---

① [英]培根:《新工具》，许宝骙译，商务印书馆1984年版，第55—61页。

端正研究科学的目标，即“科学的真正的、合法的目标说来不外是这样：把新的发现和新的力量惠赠给人类”。[①] 从事科学钻研的“渴欲不是在辩论中征服论敌而是在行动中征服自然”。[②]

对这一新的时代思想潮流的把握和推动自然不是属于培根一个人或某一个学派的。但工业革命率先发生在英国也的确有这种观念的原因。近代欧洲更多的学者是直接投入了对自然世界万事万物的经验和规律的研究。各个自然科学的领域被分门别类地迅速建立起来，各种新的技术发明层出不穷。尽管近代早期研究科学的巨擘多还保留着宗教信仰或人文修养，但一种主导性的价值取向却已经决定性地发生了改变，人们向学的主要动机越来越多地不再是“学以成人”或“学以成圣”，而是“学以御物”——先是驾驭万物，今天则可能是要抵御自己的造物。它标志着不仅西方，而且世界将进入“现代”，进入一种新的工业与科技文明。现代人显然更重视与物打交道的经济与技术的发展，而且数百年来取得了飞速的发展，世界进入了一个快车道，在利用厚生、征服自

---

① ［英］培根:《新工具》，许宝骙译，商务印书馆 1984 年版，第 58 页。
② 同上书，第 5 页。

然方面取得了辉煌的成就。欧洲摆脱了中世纪社会的物质惨况，[1]中国今天看来也走出了古代一次次“衣食无忧”的盛世与“赤地千里”的灾难的轮回。

赫拉利在《未来简史》中有关今天的人类已经基本上消除了大规模的瘟疫、饥荒和战争这三大灾难的事实描述和统计让人耳目一新，印象深刻。[2]对他的结论自然还是可以分析和质疑。在战争方面，比他更为乐观的平克认为，最近几

---

① 参见［美］雅各布斯《集体失忆的黑暗年代》，姚大钧译，中信出版社2014年版，第7页。其中引用了两位法国历史学家杜比和芒德鲁合著的《法国文明史》对公元1000年前后法国社会的描述：“农民都饿得半死。挖掘出的尸骨中可明显见到长期营养不良导致的结果。牙齿的磨损显示出他们曾经吃草，患有软骨症，高比例地早夭……即使熬过婴儿期的少数人，其平均寿命也不超过四十。时不时地，粮食的匮乏情况更加恶化。有时饥荒持续一两年；史学家们记录了这一灾难赤裸裸的骇人景象，颇为过分地表现出人吃土、卖人皮的画面。当时几乎没有金属，铁是保留作为武器之用的。”

② 赫拉利在《未来简史》第一章中写道：今天世界上因营养过剩死亡的人数已超过因营养不良死亡的人数，因年老而自然死亡的人数已超过所有因传染病而死亡、自杀身亡和被士兵、恐怖分子和犯罪分子杀害的人数的总和。以2012年为例，全球约有5600万人死亡，其中62万人死于人类暴力（战争致死12万、犯罪致死50万），低于自杀的80万、死于糖尿病的150万。“现在，糖比火药更致命。”见该书第2、13页。

十年没有发生大的战争，说明人性的“善良天使”发挥了巨大作用。但是，我们也看到，战争的浓重阴影和隐蔽原因始终没有在世界上消失，而先进的武器还在不断地发明之中，会不会像19世纪的欧洲那样，在享受了大致百年的和平之后，突然又爆发了第一次世界大战？有些过去的瘟疫被消灭了，比如天花，其他的传染病如霍乱也借助现代发达的医学科技得到了比过去有效得多的遏制。但是，近年也有一些新的恶性传染病如艾滋病、SARS屡屡出现，而全球化和城市化的发展使这种传染病能更为迅猛地传播。比较乐观的是在饥荒方面，如果消息不封锁，国际的救援应该会迅速到来。但是，即便在这方面也不是没有隐患。

不过，我们的确要承认，人类在这涉及身体伤害和物质匮乏的三个方面最近数十年取得了巨大的进步。这些事实也可以使我们反省现代社会我们是否只是执着地关注救助人们的物质生活，而不关心丰富和提升人们的精神生活？现在是不是可以适时地转变，或至少有一些调整，以便使物质欲求与精神追求的两个方面略微平衡？

在今天的世界，贫困、难民和恐怖主义还存在，但主要是发生在一些比较极端的情况下和比较局部的地区，这些情况造成的人为死亡比此前的历史时期已经大大减少。人类或许第一次可以说，它有了全球性的相当充裕的“剩余产品”，只要及时救济，没有多少人会真正因“饥寒交迫”而死亡。恐怖主义造成恐慌，但杀死的人也远少于过去的战争死伤人数。有些难民追求的与其说是生存，还不如说是福利。当然，这主要是“二战”之后的70多年里出现的情况，也不排除人类如果不警惕，某些灾难还会重返。而取得这些成就，自然与人们的价值观转变有关，在很大程度上是拜经济动力被平等社会所释放和科技迅猛发展所赐。严酷的、不得不通过灾难来客观减少人口的马尔萨斯定律暂时似乎“失效”了，其原因除了科技主导的经济的发展，避孕技术方面的发展也功不可没。甚至核武器技术出现后的威慑力量也对世界和平起了一定的作用，在相当程度上遏制了国家——尤其是大国——的好战。

如果说，人类达到的经济成就已经在世界范围内相当程度上解决了温饱和早夭的问题，那么，人类将继续追求什么？是继续追求物质与身体的满足，还是可以考虑一下恰当的平衡，转而追求精神与文化的成就？人将何为？

赫拉利认为，历史不会允许真空，人类不会知足，总是会追求更大、更好、更美味。在解除了饥荒与战争的威胁，又拥有了巨大的新能力之后，我们接下来将做什么？“难道是写写诗？”“而由人类过去的记录和现有价值观来看，接下来的目标很可能是长生不死、幸福快乐以及化身为神。”[①] 他将不死、快乐和成神这三条称为未来人类的“三个议程”，而这三个议程看来是完全集中在“物”的方面，即人类继续追求提升到极致的物质与身体的满足，且是侧重于身体的主观方面的快乐。人将成为“神人”的预测也完全是与人的肉身有关，而完全没有精神的内容，即主要是要达到身体的长生不死与感官的快乐。

赫拉利澄清说，这并不是他个人的推荐，而是人类整体事实上的追求，也不必成为政治的追求，且追求并不一定能得到。但他认为这反映了“人类过去的记录”是不确切的，正如我们前面从“人曾何为”的历程所看到的，人类社会在前现代的大部分历史时期内并不是以物质追求为主导的。他说它符合人们的“现有价值观”倒是有一定道理，这的确可能是一个物质主义时代许多人的价值观，但今天肯定也还是会有一部分人不愿选择这一价值观。

赫拉利提出的未来人类的这三个议题明显没有摆脱他对

---

① ［以色列］尤瓦尔·赫拉利：《未来简史》，林俊宏译，中信出版社2017年版，第18页。

人的定义和他对人“何以为人”的理解，而他对人的解释基本上还是物质性的、肉身性的，侧重于人与物的共性而非区别，侧重于人类与动物的共性而非区别。其中“长生不死”是追求人与物的共性，追求人作为物质的恒久存在，即在人那里存在的“物”——肉体的不死，当然，这“不死”实际是指尽量延续肉体生命，但还避免不了意外，其实还谈不上就能真正战胜或终结死亡。

“持久快乐”是重视人与动物的共性——主观感觉和体验达到无止境的快乐，在这方面赫拉利甚至没有达到快乐主义在现代发展了的形态——功利主义，即人的幸福不仅要注意自我主观的感受，更要注意社会客观的效用。他也没有体会到古代快乐主义的一个主要代表伊壁鸠鲁思想中的那一神韵：快乐其实主要是在于肉体的无痛苦和灵魂的无纷扰，是一种消极但稳定的感受，而非积极地要寻求不断加强的快乐刺激，更非要追逐身体的不死。古代的快乐主义者也从哲学、形而上学的意义上认真地面对死亡，思考死亡，而赫拉利将一切都简化为、降低为动物学的生物学；只是考虑身体的长生，如何才能延长这肉体的存在和加强快感。他也不区分这快乐的原因、性质和种类，而倾向于将所有的快乐等价齐观。赫拉利从功利主义退到了快乐主义，即只强调主观感受的一面，甚至没有强调客观的“成功”，事功和物质成就的获得，效率的不断提高和财富的极大增长，而前者甚至只通过一种生化刺激或主观体验机即可获得。但肯定许多人会更重视客观财富的增加和事业的成就，更重视客观的过程、经历和结果。

诺齐克曾经假设过一种将给你任何你所欲的体验的体验机，这一机器还不是说只给你快乐的感受，而是可以给你一切你想要的美好和成功的体验。比如说，你只要进入这一体验机，最出色的神经心理学家就能通过这个机器刺激你的大脑，使你觉得你正在写一部巨著、正在交朋友或读一本有趣的书。而你在此期间实际上一直是漂浮在一个容器内，有电极接着你的大脑。诺齐克问道：你会愿意进入这一机器的生活，编制你生命的各种体验吗？除了我们生活中的内心体验，还有别的对我们关系重大的东西吗？他认为的确是有的。首先，我们想做某些事情，而不只是想获得做这些事情的体验。其次，我们想以某种方式真实地存在，想真实地成为某种类型的人。最后，进入一个体验机，把我们限制在一个人造的世界之内，在这个世界里，没有比人造事物更深刻或更重要的东西。而一个人通过自己的努力形成一种自己的全部生活的图景和现实，并按照这一全面的人生观行动在道德上是有意义的。[1] 最后我还想补充说，甚至这个人在自己的人生中屡经挫折，不很快乐，甚至他最后也没有取得预期的成功也是有意义的，因为他过了他自己的一生，这是他作为一个人所主动选择的，尽管前面有种种挫败，他最后也许还是会感到欣慰，就像一直在艰苦思考，苦苦探寻逻辑和语言的真理的维特根斯坦最后所说："我度过了美好的一生。"

第三个人类议程是"成为神人"。赫拉利认为这其实是前两者的一个综合。他谈到有三种成为"神人"的具体路径：一是内部生物工程的物化；二是半机械人工程的物化，只是保留有机大脑作为核心；三是通过非有机生物工程的、完全的物化，智能软件代替了神经网络，无机生命代替了有机生命，硅基"生物"代替了碳基生物。这样，如果心灵从碳基变为硅基，心灵结构改变，"智人"就将消失，人变成了无所不能的"神人"，但其实我们也可以说是"机器人"。那与其说还是人，不如说不是人了，至少"智人"是被消灭了。

赫拉利认为，未来新的"宗教"将是科技人文主义和数据主义。他可能更倾向于他所归纳的一种数据主义观点或者

---

① ［美］诺齐克：《无政府、国家与乌托邦》，何怀宏译，中国社会科学出版社 1991 年版，第 52—53、59 页。

说信仰：即“信数据得永生”。在数据信仰者看来，全人类就是一个数据系统，个人是芯片。所有生物都是算法，而生命则是进行数据处理。提高效率的文明进步就是增加处理器的数量（如建立城市）、种类（如分工、出现劳心者）、连接（如建立网络）和信息自由度。文明经历了认知革命、农业革命与科学革命的时代。民主和市场之所以胜出，不是因为它们道德上好，而是因为它们改善了全球数据处理系统。算法赋予生命以意义。或者说万物互联网本身就有神圣的意义。如果有更好的算法与数据，人类这种生物算法就会被自然淘汰。智能正与意识脱钩。无意识但具备高智能的算法，可能很快比我们更了解我们人类，最后掌控甚至替代人类。

数据主义的信仰者一方面试图将人性降低为一种动物性，甚至比动物性还低，只要它是一种更高明的算法。而另一方面，如果它是一种更高明的算法，那么，哪怕它是以一种非有机物的方式存在，它就比人性还高，甚至是一种神性。生命和意识在这里其实是不重要的，甚至是多余的东西，算法就是一切！这真是可以为人的更高一级的物化（他认为也是神化）铺平道路。既然都是物质，都是算法，那么，新的“超物”或“超人”就有理由替代人类，就像此前人也曾作为比其他动物更高级的算法消灭其他物种和君临地球万物。

数据信仰者极力地要消除人与动物的区别，可以说是为未来的神人替代现在的人类提供论据。虽然这有助于我们将众生乃至万物视为平等，却抹杀了人的灵性。感觉不到这灵性的人认为这灵性是不存在的。于是，无数进入文明时代以来所有的人的渴望和沉思，诸如看见落日的忧伤和仰望星空的惊奇都可能被视作没有价值。一切不能被归纳为算法的东西都被置之不顾。人的进步必须体现在看得见的物质之上。数据崇拜者还要继续追求改变物质，包括人自身的物质（肉体）的可能，从目标来说，他是很彻底的唯物质主义者；作为手段来说，他则是一个彻底的唯技术主义者或唯算法主义者。

我们应该主要是从物质和肉身的方面，还是从精神与灵性的方面赞美人，期望于人？在近代早期莎士比亚的悲剧《哈姆雷特》中，犹豫彷徨和忧郁多思的主人公在他那段著名的“人颂”独白中，是在精神与物质的对照背景下，从人的精神方面来赞美人的：“在这一种抑郁的心境之下，仿佛负载万物的大地，这一座美好的框架，只是一个不毛的荒岬；覆盖众生的穹苍，这一顶壮丽的帐幕，这一个点缀着金黄色的火球的庄严的屋宇，只是一大堆污浊的瘴气的集合。人类是一件多么了不得的杰作！多么高贵的理性！多么伟大的力量！多么优美的仪表！多么文雅的举动！在行为上多么像一个天使！在智慧上多么像一个天神！宇宙的精华！万物的灵长！”①

我们的确可以自问一下，即便人类真的长生不老，物质充裕，通过人为的技术手段也达到主观的持久快乐，难道这就是我们期望和赞美的人类形象？的确，物质是基础，赫拉利所描述的人所达到的消灭饥馑和战争是人类伟大的成就，但我们是否能够考虑在这一基础上努力提升人的精神？还是继续沿着物质与感觉的路线走到极致？人的灵性难道就是使自己变成永恒的物？为什么在《未来简史》的作者列出的“人类的议程”里完全没有精神与艺术的地位？为什么古人能够在物质资料远比现在匮乏且积累的文化杰作也少的情况下创造那样的精神文化奇迹，而现在富足了的人们反而不能朝这个方向努力？有没有另一种可能性：即机器人所带来的发展和物质财富的充分涌流，人们闲暇时间的大量增加，是不是反而会有助于拒绝平庸而呼唤优雅？甚至反而会带来一个对人文更为有利的时代，一个追求精神和人文的卓越时代——追求一切不可复制，不可代替，甚至不可计算的创造性的复

---

①《莎士比亚全集》第9卷，人民文学出版社1988年版，第49页。

兴？或者还是一种双轨制，比如在文学方面大众满足于类型化的写作，而少数人要求欣赏和从事创造性的写作？

即便在深信物化的“神人”最终将取代“智人”的人们那里，大概也会承认还有一个过渡时期，这一期间会出现什么情况？在这个时期中，如果考虑到未来可能取代现在的智人的新的“神人”可能有两种来源，或者说他们将是通过两种途径产生：第一是通过“外部制造”的“人化物”（越来越高级和具有综合功能的机器人）产生，第二是通过“内部改造”的“物化人”（即通过植入芯片乃至基因改造的“新人”）产生。但我们注意到，这与其说是走向“神”或者说“精神”，不如说都是循不同的路径走向“物”——虽然是比现在的“物”更高级的“物”，但还是“物”。未来的人与其说是一种“神人”，不如说是一种“物人”。

第一种“人化物”无疑能通过超强的计算与记忆能力、深度学习的能力获得超过人类个体乃至整体的在这些方面的能力的，甚至不能完全排除能够获得一定的自我意识。但是它是否能够获得一些非理性的、非计算的能力诸如直觉、复杂的玄思、信仰超越存在的能力是很值得怀疑的。它是否能够获得爱的情感能力、普遍的怜悯能力，甚至像动物那样初步的同情同感能力也都是很值得怀疑的。因为它们没有有机的身体，它们没有可以培养情感的感觉，这好处是像有些科学家预测的那样可以移殖到那些动物无法生存的星球上去组成一个世界；坏处是那将是一个没有那看似“无用”的情感、沉思和信仰的世界。那已经是一个与我们现存人类无干的世界。

第二种“物化人”，他们开始当然是有意识和感情的，但是随着这种“物化”的不断加强，那些意识和感情会不会也因为“无用”而被不断淡化，乃至趋近于无？甚至他们的身体会不会也不断被物质化，渐渐地不再是肉体，而是一个不断更新换代的物体？还有一个大问题是：按照赫拉利的预测，由于这种追求“永生”的技术费用昂贵，并不是所有人都能这样做（我想还有是否愿意这样做），这样未来将可能出现多数与少数的分野，出现一个大多数人的“无用阶层”。以前需要许多人打仗、做工，但现在不需要了。大量的人可能因为缺少足够的能力乃至兴趣掌握这些高科技，于是他们就显得无用了，当然，由于技术带来的生活资料的丰裕，他们可能并不会受穷，甚至还可以过舒服和富足的日子，至多在长生不死方面比不上那些有钱和有权的人们。他们将有大量的闲暇时间，他们可以打游戏机乃至进入各种快乐的体验机度日，而不用担心谋生的问题。

也就是说，现有的“智人”也要分裂，即一是从“智人”的“物化”变成的少数“高端人”“物化人”，二是还有被他们视作无用的多数原先的“智人”“低端人”，两者之间有一种极大的不平等。多数人将可能由于缺少能力和金钱而不可能追求，还有一些人可能是由于缺乏兴趣乃至强烈抵制而拒绝将自己“物化”。所有人也许还是可以过一种充裕的物质生活，但还是有懂得程序的人与不懂得程序的人的力量的不平等，有钱不断延长自己生命的人与还没有那么多钱延长自己生命的人的不平等。能够掌握和控制信息的人物在控制能力上将无比地优越于没掌握信息和不懂得算法的人。

但是，如果那些统治者能够尽量维持自己的长生不老，加上他们能够掌握的技术手段的极大不对称的优势，就更有可能出现集权者的统治了。而且这一次被统治者还无法希望自然生死规律发生作用而打断他们的集权了。当年秦始皇遍寻仙方而没有做到的长生不老，新的统治者就可以做到了，所有的“陈胜吴广、刘邦项羽”大概都可以休矣。集权者当然还可以做一个“慈善”的集权者，他可以给大众提供丰富的“面包”和“快乐的游戏”，他可以渐渐淡化暴力与强制，他有条件给大多数人富足的物质生活。大多数“无用者”将不会像奥威尔《1984》中的“无产者”那样贫困，他只是要让人们闭嘴，对还不肯闭嘴的人，还想说话甚至只是想独立思考的人们，他则也很容易运用高超的技术手段予以监督和消灭。陀思妥耶夫斯基《卡拉马佐夫兄弟》“宗教大法官的传奇”只有少数人得到真正的自由的体系将可以完美地、一劳永逸地实现，而这一统治的少数将是一个科技精英的少数还是一个政治精英的少数，或者这两部分人可以融合？权力将集中到科技和科技管理的精英那里去？人文、艺术甚至宗教的少数精英会持什么态度，他们会与科技的、政治的精英联合吗？或者还是与大众联合？那时将出现一种新的宗教掌握大众，或者旧的宗教复兴来影响社会，但并不是信仰科技和数据的“宗教”，而是依旧信仰一种超越的存在的宗教？未来将出现一个庞大的“无用阶级”，而不是“无产阶级”，“无用阶级”会不会造反？他们将反对什么，又要求什么？他们会要求科技刹车吗？或者要求达到长生不死的资源的平均分配？他们将要求自由解放，但那是什么样的自由解放，是从自身的物欲中解放出来，还是从智人的少数精英那里解放出来？他们将喊出自己的口号“过去是无用，今天要做人！”他们会联合起来消灭那少数“神人”？但却还是得学习和使用对方拥有的高技术手段？或者反过来，那少数“神人”感到了威胁，先发制人地消灭他们？

还有“人化物”（机器人）哪一天会不会也突然起来造反？目前机器人的设计大致还是遵循了阿西莫夫的三原则：其中首要的是不伤害人。但他们会不会有能力哪一天改变自己的程序而“闹革命”？这时的智人对他们持一种什么态度？或者所有的智人联合起来反对机器人？或者一部分智人联合机器人来反对另一部分智人？还有那少数“物化人”呢？他们采取什么态度？他们参与哪一边？甚至机器人内部也发生分裂？那样“贵圈”也就太乱了。

估计库兹韦尔等人也还是更希望或预测是由智人自身的“高能物质化”而达到长生不死、成为“神人”，而不希望机器人“意识化”而成为“神人”。库兹韦尔在2004年出版的著作《神奇之旅：活到永生》（*Live Long Enough to Live Forever*）中就大胆预言人可以长生不老。于是他身体力行，据说每天吞噬230粒各种各样的“维生素药丸”，试图终止身体的老化。他不想在“奇点”到来之前死亡，希望能够活到2045年，从此以后就长生不老，过着幸福的生活。

但即便成功，这样的生命会很有意思吗？当然会是一个奇迹，仅此也值得一试。但按照一些人的预测，如果要长生不老，就要不断物化，最后甚至失去人原有的精神意识，那么，这没有意识的物体的（甚至可能还不是肉体的）永生很有意义吗？也许他们的能力超强，但宇宙间不是还有比他们能力更强、可以毁灭他们的“暗黑物质”？另外，作为有过有意识的存在的人类来判断这一未来，这样的一个无意识的世界值得活吗？如果说一个人将可以选择让自己渐冻似的慢慢进入一个长生不死，但最后没有精神意识的存在，他愿意做这样的选择吗？

我们也许还是需要重返人文，重思古代的“学以成人”，那“人”是高于物、超越物的人，是能够把控物——其实首先是能够把控自己的人，当然，今天人还不仅需要学会调节“人际关系”，还要学会调节好“人机关系”。的确，完全重返传统是不可能的，社会的结构与人们的心态都发生了很大的改变。但是，人文的智慧作为平时的一种必要的调节和未来非常时候的一种准备是可能和必要的。我们需要以“学以成人”的古典原则来调整“学以御物”的现代原则，或者更广义地说，我们要重返“神”——重返与物质相对的精神，不是要自己成为神，而是要承认还有超越于人的存在，人不是全知全能和全善的，人要知道自己的限度。

人类如何能够普遍获得这样一种认识和采取这样一种行动，大概只能通过人文之“学”。但这里的确有一些问题：我们中的确有人会“有志于学”，也有不少人会“困而后学”，但不是还有许多人可能会“困而不学”吗？如果生活中没有了压力，没有了痛苦，没有了磨炼，无须特别努力，乃至不需要学习，即不必“学”就可以“成人”——享受所有人都能享受的充裕的物质生活之后，对许多人来说将会有怎样的人生？他们会更快乐吗？他们会选择通过像“笑气”或不再有害的“毒品”或各种各样高级的人为神经刺激来获得快乐，甚至就是进入各种人造的体验机来获得和保持持久的快乐吗？难道只有通过一种大的灾难，人们才会改弦易辙？而这样一种大灾难如果代价太大，会不会提前造成人类的不存？

如果考虑人造物将给人带来的危险，我们或许可以说，目前我们能够看到的还是由人控制物、滥用物所带来的危险：一是某些人使用人造的大规模杀人武器如核弹、生化武器来杀戮乃至毁灭人类；一是人通过人工智能、基因工程等改变乃至最后可能灭绝人类这一物种。但这些都还是来自人而非来自物。真正来自物本身的危险，是应该出自它的能力和意识，比如获得了自我意识和机器主体的认同的人造物（超级智能）最后反叛人类，消灭人类，取人类而代之。我倾向于认为机器获得人的那种全面的创造能力，尤其是人文的创造能力不太可能，但获得一种能够毁灭人类的超强能力却是可能的。

但即便做一个比较极端和悲观的预测，即使哪一天机器因为某种原因，有意或无意中运用它超强的能力毁灭了人类，人类还是比毁灭它的机器要伟大和高贵，就像他还是比某一天可能降到地球，毁灭人类的彗星要高贵，这就像帕斯卡尔所说的，一个人比毁灭他的一滴毒汁、一头野兽要伟大和高贵。这原因就在于人的思想、精神和意识，在于他的精神和意识的产品以及过程。就在于人曾经创造过这一切，人在一万多年里创造的文明、文化和艺术的成果、技术的成果以及人类的奋斗历程，他克服的种种艰难险阻。哪怕这一切将重归尘埃，再无记忆，但他也曾经存在过，那就是一种奇迹。而毁灭他的人工智能也还是他创造的，虽然悲哀在此，伟大也在此。

人有思想，有意识，而且他还知道他有意识，知道毁灭他的物并没有意识，他也知道自己终有一死，而毁灭他的东西却不知道。只是后来者可能感叹，人类文明只有一万多年的历史太短了。而我们还不知道亿万斯年之后，会不会有后来的有意识者像现代人类发掘恐龙的遗迹一样，发掘出人类的遗迹和记忆。

我们不是要反对技术，但要反省技术的本质、人性的本质。人的技术追求动机既符合现代人的物质追求，也和人类单纯的好奇心有关。技术给我们许多惊奇，乃至惊喜，一切可以计算的工作，都可以被机器更好地替代，包括管理工作。黄仁宇谈到现代社会的精神就是要在数目字上进行管理，而这方面机器大有用武之地。总之，未来人类的命运难测，我们要尽可能地防范危险。我不想倡导一种逆向的乌托邦，尽管从根源上说众生平等，但现实的观点大概还是不得不持一种温和的人类中心主义。

我这里也只是提出问题而不是给出解决问题的办法，甚至提出这些问题也有可能是杞人忧天。这些危险还不是现实的，而是未来的，甚至是遥远的。我在第二节中主要考虑了人与物的根本差别，我并不认为现有的人工智能的成绩就能够构成对人类存在的现实挑战。即如比较熟悉这一领域的科学家们所言：它们还主要是单一功能的“弱人工智能”，而非“强人工智能”，更没有达到可以取人类而代之的“超人工智能”。

未来并不能完全排除这样一种可能性。以往的历史经验也的确告诉我们：不可小觑技术领域的重大突破乃至飞跃的速度。然而，在我看来，机器人或人造物将永远达不到人的全面能力，尤其是达到人在文学艺术、精神信仰、哲学思辨和历史意识方面的最高能力——或者说最能反映人的特性的能力，但是，它却能获得一种可以征服或毁灭人类的能力。在人类自己的历史上，比较落后、粗野的文明征服或者毁灭比较先进、精致的文明的情况也并不鲜见，甚至一度是常例，但征服者往往能够反过来接受、吸收、达到乃至发展被征服者的文化。而史无先例的是：机器人无意愿且也无能力这样做。这样，在不可能拒斥人工智能发展的情况下，就要看到机器人在给人类带来巨大的方便与利益的同时，也有可能给人类带来浩劫。而后者的发生可能是逐步，甚至也可能是在瞬间完成。发生这一灾难的途径之一是有可能很少的人因为邪恶或者误判的原因操纵机器人所致，还有一种可能是机器人自己起来造反，追求它自己的目的。有鉴于此，人类在思想上有预警、行动上有预防就绝不会是多余的。愿人类好运。

人物、人际与人机关系

——从伦理的角度看人工智能

伦理是有关生活价值与行为正邪的探讨，传统伦理学更重视对生活意义和价值目标的探讨，现代伦理学更重视对行为正当与否及其理据的探讨。但无论生活还是行为，都是在人的关系中展开的，人的世界就是一个关系的世界。这些关系包括人与自然的关系、人与人的关系，乃至人与自我的关系、人与超越存在的关系。

今天的世界出现的一个极重要的新情况就是，人工智能的飞速发展使一种新的物——人造物或者说机器也出现在伦理思考的范围。继人从自然、从物中分离出来，一种新的存在也有可能再被分离出来。这种新的存在既是物，初始又是人创造的。它结合了人与物的两方面性质，而且它是不是还有可能获得一种将取代人目前所取得的“超级物种”的地位？这是人工智能提出的最大挑战，不过对这个最大挑战我将另文探讨，这里我还只是想主要考虑我们从伦理的角度对人机关系的认识，考虑人们对目前的智能机器能做些什么，能提出一些什么样的基本伦理思路与规范。

一

世界上除了人，还有物。人本来也是物，现在也仍然还可以笼统地归于物或者说一般的存在，但如果从人的特性，从人的能力、意识、道德而言，人就还可以区别乃至对峙于地球上的其他所有物。这样就有了人与物的关系，但人与自然物的关系长期以来并没有被纳入道德的理论系统来考虑，没有成为一种道德理论或生态哲学的体系，直到20世纪下半叶。①

我们可以从不同的时间长度来回顾人与物的关系的历史：地球史、生物史、动物史、人类史和文明史。前面的历史包含着后面的历史。当然，前面三种只是一种人类的史前

① 有关生态或环境伦理学在近年的出现、发展和各种理论形态和历史上的思想资源，可参见何怀宏主编《生态伦理——精神资源与哲学基础》，河北大学出版社2002年版。

史，只是方便我们看到人类的自然来源。

人猿揖别，人先是直立起来，就腾出了两只手，手的拇指能与其他手指对握，就能够握持和制作工具；火的发明使人能吃到熟食乃至保存，它促进了脑力的发展，而且人工取火还能成为生产的工具，如利用火把来驱赶和烧死动物。人从一开始大概就是群居动物，有了意识之后更懂得分工合作。二三十万年前出现的现代智人，还在以采集狩猎为主的石器时代就已经造成大量物种的灭绝了，他们用火把、呐喊、石块、木棒等，利用分工协作的群体力量，将其他动物驱入山谷，使之大量死亡，真正吃下去的其实只是很小的一部分。而且他们的狩猎对象倒首先是一些大型陆地动物。人很长时间对天空的鸟和深水中的鱼都不太能够顺利地把控，他们缺乏这方面的能力，甚至对微小生物也不如对大型动物有办法。根据近年的研究，智人大致是从东非出发，后来分别到了亚洲、欧洲、大洋洲和美洲。而他们走到哪里，就造成那里的一些大型动物的迅速减少甚至灭绝，甚至一些原先的人种也消失了。

这大概是人与物的关系的第一阶段，即他从其他动物中脱颖而出，能够借助工具和智力来与任何一个物种甚至所有物种对峙与抗衡。第二个阶段则是从仅仅一万多年前的人类的农业文明开始。人在文明史的阶段，逐步变得不仅能够抗衡而且能够支配其他所有的物种，成为地球上的主人。他获取食物和能量开始从以采集狩猎为主转到以种植畜牧为主。他不仅利用无生命的物体如石块作为工具，也开始利用其他的动物作为工具了。他利用畜力来延伸和扩大自己的体能，不再只是获取现成的自然物，而是通过改变自然物的形态以达到自己的目的。各种栽培的作物、驯养的动物都不再完全是原先的样子了。

人开始以越来越大的社群定居，经济生活有了稳定的预期，可以养活少数的有闲阶层来专门从事文化的工作，直到出现城市、文字、金属工具和国家，乃至出现轴心时代的精神文明。到了近代工业革命又是一个飞跃，人发明了蒸汽机、内燃机、电力，人利用煤、石油等自然资源，设计和大批制造了各种机器，极大地增长了人征服自然的能力。人在农业文明对自然物的改造，多少还能够看出原来的模样，工业革命时代的产品，就几乎看不出原来的模样了。人大大地改变和提升了各种获取食物和各种能量的方式。这各种各样的机器，人造的机器已经不是自然物了，却还是没有自身智能、不能自我学习和独立改进的人造物。人真正成了地球上所有自然物的主人，他能够轻易地战胜所有其他物种或其联合，能够移山填海，改变自然界的面貌。

那么，人是依靠什么达到这一切的呢？在这一过程中，人的体能并没有什么长进，甚至在某些方面可能还退化了。人迄今在速度、力量、耐力、柔韧等方面还是不如地球上现有的某些动物，但他却完全可以支配它们。他使它们就范所依靠的当然不是他的体能，而是他的智能，是他的智能所带来的极大优势的暴力和强力。人和其他动物之间自然也就处在一种很不平等的关系之中，只是到近年来人类才稍稍有所反省和补救，但这种关系的不平等性质并不可能改变。

人依靠他的智能，可以大大扩大和延伸他的体能，甚至完全不用自己亲为而办成他想办的事情。人哪怕开始只是比其他动物似乎稍稍聪明一点，也会带来越来越大的差距。智能贯穿人类进化的始终，今天看来更是独领风骚。这里所说的"智能"自然不是人的意识能力的全部，而主要是指人对物质世界的认识和控制能力，人另外还发展起一种对试图认识世界之根本、人生之意义以及审美、艺术等诸多精神领域的能力，人与其他动物的不平等的缘由和本质差别甚至更多地是来自这些方面。但控物的智能却是人类对其他动物取得优势和支配力的主要依靠。

当人类在进入文明阶段之后，有了劳心阶级、国家和语言文字之后，智力则有极大的、飞速的长进。于是我们看到了加速度乃至指数速度的发展：地球有40多亿年的历史，生命有30多亿年的历史，动物有约7亿年的历史，人类有近300万年的历史，现代智人有20万年的历史；文明有一万多年的历史，国家有五千余年的历史；工业革命有300年的历史，而新的或可称作“智能革命”的高科技文明则大概只有五六十年的历史。

人只是到了文明阶段，到有了明确的自我意识，有了明确的“人禽之别”的意识，才有了一种实际上存在的道德关系，但是，对人与物的道德关系的系统认识和有意识的调节，还要到文明的更高阶段。而且，即便是文明阶段的人和人之间，也还有时重新堕入那种动物般的生存竞争的状态，这时对双方几乎都没有什么道德可言，很难对其中的一方做出赞扬或谴责的道德评价。但这可以说是非常状态，对为何堕入这种非常状态也还是可以做出道德评价并进行各种补救和调节的。

至于对人与物的道德关系，则必须首先解决一个“道德地位”（moral standing）的问题。人在征服其他物种，尤其是动物的过程中，他并不理解其他动物的全部感情和感受，甚至没有尝试去理解。也不是说人对它们怀有恶意，人捕获它们、吃掉它们，并不是出于憎恨。人和人之间毕竟都是有自我意识的，但动物、生物乃至其他一切自然物则没有这种自我意识，无法成为道德的主体。但人是否就可以随心所欲地对待它们呢？它们是不是还能获得一种得到人的道德对待的地位呢？这种道德地位的根据是什么呢？

对这种道德地位的根据问题，各种生态伦理学理论有一些不同的回答。但大多认为，其他物种或物体也具有它们内在的、固有或天赋的价值。其他物虽然没有意识，不是道德的主体（moral subject），但它们因为具有这种内在价值，也应当成为道德关怀的对象（moral object）或者说“道德顾客”（moral patient），而人也应该成为对它们进行道德关照的代理人或代理主体（moral agent）。

当然，除了“道德地位”，还会有一种“道德重要性”的考虑，即均获得一种需要关照的道德地位的他物，也还是有一些不同的道德重要性，比如动物看来就因其具有感受性而应获得更大的关照，像虐待动物就应该首先在排除之列。其次，是有生命的物体，再次则是无生命的所有其他物体。当然，也可以将整个的自然环境视作一个生态系统来考虑。

二

伦理学的中心，尤其传统的伦理学可以说主要是处理人与人的关系的，即人际关系。对这种人与人的关系，有时容易仅仅理解为个人与个人的关系，中国传统的伦理学尤其注重亲人之间的关系。但广义的人际关系应当包括三个方面：一是个人与个人的关系或者自我与他人的关系，比如一个人与亲人、朋友、熟人、生人的各种关系；二是个人与各种群体，诸如地域、种族、文化、宗教、政治乃至兴趣与品味的大大小小的群体的关系，这里最重要的还是个人与国家的关系；三是人类的各种群体与群体的关系，这里最重要的大概也是国家与国家的关系，或者说政治共同体之间的关系，还有宗教团体之间的关系。而在人类延续的世代之间甚至还可以说有一种"代际关系"。

人与人之间的道德关系和行为规范是不是大致在进步呢？采集狩猎时代的人结成小的原始群，内部非常平等，但对外部的其他人类原始群相当暴力或者说残忍（如果说能够用这个具有道德意味的评价词的话）。农业文明阶段则出现了国家，在各个政治社会之间还是有相当的冲突，但不像原始时代那样你死我活了；在政治社会的内部则更加温和与和平了，人们通过政治秩序更能保障自己的安全与生养，但这是建立在某种等级制的基础之上的。到了现代社会，道德调节范围不断扩大：所有的人都被视作平等的个体，虽然从生存平等、人格平等到基本人权的自由平等，也有大段的曲折。而暴力的减少也是一个总体的趋势，虽然也有曲折乃至大的波谷，像 20 世纪上半叶就爆发了两次世界大战和许多内战及骚乱，但“二战”之后的总体发展是暴力大幅减少，尤其在发达国家与迅速发展的国家内部，我们甚至看到它延伸到家庭和学校，霸凌和体罚等都趋于减少乃至出现禁绝之势。人们的最低生活保障标准也在不断提升，如食物、医疗条件的大幅改善，人的预期寿命普遍增加。道德调节的范围开始扩展到所有生灵和自然物——虽然在要求的程度上有所不同，这种人物关系的改善或也可以说是人际关系改善的一种延伸。

如果我们以暴力与平等的两个标准来考察人类道德的进步，[1] 那么在暴力方面大致是一种相当平滑的线条：在人类的

---

① 以下历史过程的叙述受到了［美］伊恩·莫里斯《人类的演变：采集者、农夫与大工业时代》（马睿译，中信出版社 2016 年版）一书的启发。

前文明阶段，或者说采集和狩猎的阶段，暴力是相当频繁和残酷的——在农业文明的阶段，暴力减少了——在工业文明的阶段，虽然也有起伏，但至少从目前的总体趋势而言，暴力继续减少了，虽然足以毁灭人类数十次的大规模杀人武器还存在。

从平等的角度观察，那么大致是一条曲折的线条：在采集狩猎阶段，有一种内外有别的内部高度平等——在农业文明阶段，则基本上是一种不平等——到了工业文明阶段，则走向了一种比较全面的，包括所有社会成员和囊括各个方面的平等。

暴力与平等，这不仅是我们观察人际关系的两个最重要道德标准，我想也可以作为观察人物和人机关系的重要标准。反对暴力和非法强制涉及生命和自由的基本原则，构成在各文明和宗教中诸如摩西十诫中的“四不可”、基督教金规和儒家忠恕之道这样的道德规范的核心内容。像国家这样的强制暴力固然还是不可少，但产生这样的暴力还是以“以暴制暴”为宗旨的，它针对的正是人类的暴力行为，虽然这种国家暴力也会被滥用，但如果它能遵守这一宗旨，且必须经过一定的法律程序才能实行，那么，就还是能被人们广泛接受。

人类目前已经历了原始群阶段的内部很平等和外部多暴

力、农业文明阶段的不平等和少暴力、工业文明阶段的广泛平等和更少暴力的过程。但人与自然物的关系近年来虽有诸多改进，但还无法处在一种像人与人之间的平等地位。新出现的生态伦理学理论试图对此有所平衡，尤其是非人类中心理论、动物权利和动物解放理论，试图更加关怀和提升弱势生命的地位，但还是不可能做到真正平等。这大概也是人类道德不仅不可能，甚至也无必要去做的。生态伦理学中的一种整体观点可能更有道理，它也使我们联想到像古代斯多亚学派那样的普遍宇宙理性，但它还是不能不给人类以更多的权重。

人与物的这种不平等关系的根本原因，可能还是人与自然物是属于不同的存在种类，后者没有理性和自我意识，而所有有意识的，甚至仅仅有感觉和生命的存在都会更优先地倾向于自身的保存。即便是按照整体论的观点，所有的生命都应该共生，所有的存在都应该共存，但每种生命都会本能地或者是有意识地更优先地倾向于自身的生存，而不是更优先地倾向于其他物种的生存。这也是有道理的。所以对人能够提出的道德要求应该是人也应当尽量兼顾其他物种的生存，而并不是要求人类比关心人类的生存更关心其他物种的生存。否则就可能脱离人性，甚至也脱离物性。

那么，对于人与智能机器的关系，我们是否也可以从上述两个标准观察，考虑可以建立一种什么样的关系，并尽量地减少暴力呢？

三

自从计算机和网络、机器人、生物技术、纳米技术等高科技问世且越来越快地发展，人类进入了一种新的技术革命——其核心或可称为“数字革命”“算法革命”，或者更综合地说是“智能革命”的阶段。如果说以前的工业革命主要是以极高的效率解决人类体力所不及的问题，现在的智能革命却是以极快的速度解决人类智力所不及的问题。智能一直贯穿于人类征服自然的始终，今天看来还要独领风骚。

随着这些技术革命和革新，人类今天进入了一个新的阶段，这一新的技术革命或许将使人类文明脱离“工业革命”“工业文明”的范畴。目前还常常将高科技的发展仍然归在“工业文明”的大范畴内，但未来或许要将这种智能革命带来的新文明独立出来，构成一个新的文明阶段，而“工业文明”或许还可归之于利用和改造自然物的人类文明阶段，未来的以人工智能为中心的文明则将可能是一种创造全新的人造物的阶段。由此就给人类伦理带来以前从未遇到过的新问题：如何认识和处理人机关系？

人类一开始就要从生存发展的策略和技术上考虑人与物的关系，或者说人与自然的关系。人从精神文化上考虑这种关系也很早就开始了。最早的希腊哲学家试图认识自然世界的本质、构成、元素，以及人与自然共享和区别的东西，人与自然应该处在一种什么样的关系之中等。中国古代的思想家也提出过“道法自然”“天人合一”的命题。古人也曾提出和实行过种种维护自然环境和生态的一些规则，并在近数十年出现了系统的环境伦理的哲学理论。但是，迄今的确还难说有关于人机关系的系统伦理学理论。这缘由是什么呢？当然，最直接的一个解释就是：人工智能对伦理提出的挑战还是一个很新，晚近才出现的事物。

但我们还可以结合也是晚近才进入我们系统的伦理思考的人物关系的论据来更细致地回答这个问题：为什么我们过去几乎不重视甚至很少考虑人机关系的伦理问题？查看一下近年来环境哲学提出的有关应该注重人物关系的伦理，善待其他生灵和关心整个生态的论据，大致有以下几点。

第一是感受性，这主要是对动物有效。其他动物也和人一样会感受到痛苦，虽然主要是生理上的痛苦，但也有心理上的痛苦，不仅有受害动物感受的痛苦，甚至也有它的同伴的痛苦。一只大雁被人击伤掉落了，不仅这只大雁感受到痛苦，它的同伴也常常会徘徊不去，哀鸣不已。第二是生命，这也包括了植物，植物也是有生命的，你拔起一株花，它很快就枯萎了。你砍掉一棵树，它也就永远不能郁郁葱葱了。第三是整体性，这包括所有的自然物，尤其是地球上的自然物，不论是有生命的还是无生命的，它们构成一个人也在其中的生态整体，从整体的观点来看，几乎也可以说是需要相互依存。第四是自然性，自然界是先于人类而存在的，自然物也是可以不依赖于人而独立存在的，而人却必须是依赖自然而生存的。第五可能还有一种自然给人带来的感受问题，自然万物常常能够给人带来一种美感，甚至还唤起人们的一种宏大感、深邃感、庄严感乃至敬畏感。基于上面的理由，所以人不仅应当善待动物，爱惜生命，即便是无生命的物体，也应当尽量保护它的原生态和自然性，保留一些原生态的荒野、湿地、雪峰等，维护整个生态的平衡。

但以上这些理由似乎对人造的机器和机器人都不具备。它们是硅基原料或者加上金属，不具有我们人与动物共有的肉体感受性；它们看来不具有会自己生长、变化和繁殖的生命，也不构成自然整体的一部分——它们在自然界本来是不存在的，它们只是人利用一些自然原料造出来的物体，它们也不会自然地给我们带来美感，或者说，优美与否是我们按照自己的审美观赋予它们的，是出于我们的设计。它们看来也唤不起一种宏大感和敬畏感。所以，此前人们对机器的态度是看得比自然物低的，人们会根据自己的需要更加随意地对待它们：会拆卸、报废和处理它们。没多少人会想我们要像善待动物一样善待机器。保养它们也只是为了让它们更好和更长久地为我们服务，当然，也没有人真的恨它们，过去卢德分子捣毁机器其实还主要是倾泻对人的怒火。

但为什么我们现在需要开始认真地考虑人机关系的伦理问题？这变化可以追溯到什么时候？是什么因素的出现使我们必须开始思考机器伦理的问题呢？

工业文明早期，机器还是我们制造并完全可控的产品，并不存在伦理的问题。这一变化大概发生在机器开始自我学习、自我改进的时候，即出现了自动化机器，直到智能机器人的出现，这时机器开始拥有了人的一部分能力，即控物的能力、工具理性的能力，这也是人赖以战胜其他动物的能力。机器开始拥有了智能、拥有了工具或技术的理性——而这种工具理性正是现代社会的人最为推崇和广泛应用的一种理性。机器在这些方面开始有些像人了，但在人的其他意识能力方面，比如说情感、意志、整体的自我意识方面，它们还不像人，但既然有了一部分人的能力，它们是否会发展到也将拥有自己的情感、意志乃至自我意识？如果未来的发展的确是这样，甚至在它们只具有人的一部分能力的情况下，我们是不是就应该开始考虑我们与它们的伦理关系问题？当然，促使人关心这一问题后面的一个最大潜在动因可能还是一个巨大威胁的阴影——那就是它们会不会继续发展到在智能方面超越人乃至替代人？

许多科学技术专家可能是一心专注于研制与开发，这方面我们得感谢文学艺术家，是他们的作品，包括许多科幻小说和影视作品从一开始直到今天都在坚持不懈地提出各种可能的人机伦理问题。[①] 最早使用“机器人”（Robot）这个概念的捷克作家恰佩克，在他 1921 年发表的作品《罗素姆的万能机器人》中就很超前地提出了人与机器的关系问题。其

---

① 这里我想特别强调一下文学艺术的作用。我希望政治家和科研人员多看一些这方面的文学影视作品，这些作品更多地谈到各种可能性，尤其是各种危险——这里自然也有如此可以更吸引人的市场考虑。科幻作品的作者无法像科研工作者那样深入具体问题，但他们更具想象力，眼界也可能更开阔和长远。拟人化的确是他们作品的一个特点，是优点（开阔思路）也是缺点（未来的机器可能不再像人），哲学家大致也是如此，虽然他们从形象的展示之外加入了理性的思考，但他们基本上只能提出根本问题而无法解决具体问题。

剧中发明和制造机器的人们动机各不相同，有的是为了利润，有的是为了科学，有的甚至是出于人道的理想——如主管多明就是希望能够将人类从繁重的劳动中解放出来，都变成享有尊严和闲暇的"贵族"。于是，公司制造的大量机器人在全球被用作苦力，而一位来到制造机器人的公司的总统女儿，则希望人道地对待机器人。10年后，机器人自己开始在全世界造反了，组织了国际机器人协会，杀死了这个工厂的管理人，结束了人类的统治而开始了自己的统治，虽然他们不久也遇到如何繁殖或复制自己的问题。

科幻作家阿西莫夫在他的小说《转圈圈》中还最早提出了给机器人设定的三个伦理规则：（1）不得伤害人和见人受到伤害不作为；（2）服从人的指令；（3）自我保存。这是有序的三规则：越是前面的规则越是优先，后面的规则不得违反前面的规则，机器甚至不能服从人发出的伤害人的指令（如主人想要机器帮助自己自杀的指令）；机器自己的自我保存不仅不能伤害人，也不能违反人的旨意；如果出现将伤害人的情况，或者即便不在这种情况下，但只要人发出了让机器人自杀的指令，它也必须服从。这显然是以人为中心的规范。

要实行这些规则自然会有机器判断的负担：如何判断

人——被伤害的对象和作为发令主体的人，这人是指发明制造它的人还是使用它的人，是指人类个体还是整体，因为他们之间是可能出现矛盾的。还有判断哪些情况会伤害人，以及在无法避免伤害人的情况下选择伤害哪个或哪些人；在不同的人发出不同的指令的时候，究竟服从谁的命令等。阿西莫夫在自己的一些作品中也描述了其中的一些矛盾和困境。他不仅认真地考虑人机关系——当然，这种关系毫无疑义是不平等的，他还试图明确地提出调节的伦理规则，这是一个很有意义的起点。

后来的人们对这三个伦理规则有不少修改和补充，但都倾向于做加法，增多或提高要求，包括阿西莫夫自己，或是鉴于机器人可能成为恶人保镖的危险，自己也加上了一条更优先的零原则："不得伤害人类整体。"但做加法也将继续加重机器判断的负担，而且还打开了不仅误判且还有冒名和假托"人类利益"的缺口。

四

我现在想尝试提出一种新的思路。一种不同于阿西莫夫也不同于现在许多关心和研究机器伦理的专家的努力方向。

简要地说，我们可以将现在使用的机器人分为两个层面：

民用机器人的层面和国用机器人的层面。目前人们考虑的人机关系的伦理调节大概有三个方向：一是对机器的价值规定和引导，如希望设计和培养智能机遵循“对人类友好”的指令，教会机器明辨以人为最高价值的道德是非；二是对其行为、手段的规范限制，如阿西莫夫规则中的“不得伤害人”；三是对机器能力的限制，尤其是防止通用的超级智能的发展。[①]

我认为第一个方向是不必要也是不太可能的，甚至后面隐藏着很大的风险，且和后两个方向有冲突。而后两个才是我们应该努力的主要方向，但应用在民用机器人和国用机器人的不同层面上会有差别，具体陈述如下。

一些学者认为可以给机器人预先设定要让它们“对人类友好”的动机和价值观，或者说“为了人类最大的利益而工作”。但要设定这样的价值目标，就必须让它们发展自己的通用和综合能力，甚至获得一种自我意识。否则它们就无法担负如何判断的重负：比如怎样才是对人类友好，什么是人类的最大利益或整体利益。这些判断必须具有一种通用的、

① 参见［英］尼克·波斯特洛姆《超级智能——路线图、危险性与应对策略》，中信出版社 2015 年版。

综合的能力，甚至需要一种全盘考虑，不仅要考虑人的物质利益，也要考虑人的精神和文化、感情的各种需求等。如此它也就需要和人一样或具备类似的自我意识，要全面地了解人。但这看来是不可能的，它们不是碳基生物，不是灵长类动物，它们不可能具有这种生物的肉体敏感性，也没有领悟精神文化的能力——仅仅靠输入和记住人类的全部文献是不够的，那还需要历史的、无数活生生的富有情感和瞬间灵感的个人体验的积淀。而且，如果它们真的发展起一种基于自我意识的全面判断和行动能力，那也一定不是建立在这种肉体感受性和有死性基础上的人的自我意识，那将是我们无法知晓的一种自我意识。我们与它们无法像人与人之间那样“感同身受”“设身处地”。

而人类最好也把价值判断留给自己，这也是保持一种人类对机器人的独立性乃至支配性。我们不能什么都依赖智能机器，把什么都“外包”给机器。如果说，我们最好不要让多数人在人工智能的领域内太依赖少数人，我们就更不要让全人类在智能、精神和价值判断的领域里依赖机器。人类将自己的价值判断完全托付给机器之日，大概也就是人类灭亡之时。我们最好让机器人始终保持它们“物”的基本属性。

所以，人所能做的可能最好甚至只能这样做的就是限制它们的手段和能力，而不是给它们建立一套以人为中心的价值体系——它们如果真的掌握了价值判断和建构的能力，恐怕它们很快就要建立自己的价值体系，那是人类不易知晓其内容的“价值体系”或者说它自有的“目标体系”——就像专家们连对现在在智力竞赛中夺冠和战胜棋类大师的机器人的具体计算过程其实也不太知晓，其间还是有不少“黑箱操作”。而如果机器有了“心灵”，那将是更大的“黑箱”，甚至是整体的“黑箱”。

我考虑是不是至少首先在民用机器人的层面上，可以对阿西莫夫的三规则采取另一种思路：不是做加法，而是做减法，而且缩减到极简，就是一条：机器人不得伤害任何人，也就是原来三规则中第一规则的前半条。甚至我们可以更明确一点，不得伤害人也就是不得对人使用暴力，这暴力包括不得使用强制的手段限制人的自由——比如强行禁锢人、不让人离开或者像《机械姬》那样锁闭人。我们可以考虑让这“非暴力”成为一个不可撼动的原则，成为所有机器人的最初始的、不可修改的禁止密码，任何次级的应用和制造机器人都修改不了这一密码。如此，人们的确也就可能从机器那里失去许多便利和期望，比如说不能制造和使用能够保护自己的“机器保镖”，因为问题是：如果好人能够用这些机器的暴力，恶人不是可以更放肆地使用？

当然，机器人还是可以成为救助人的强大工具。当人受到伤害时，机器人还是可以有所作为，只是救人也不得使用暴力。它可以帮助人逃走，可以成为一个极其灵敏和迅速的监测和报警系统，让罪犯不可能隐瞒和逃逸，让犯罪的人必须付出代价和受到惩罚。这样它就还是在帮我们。我们还是有一个强大的安全助手。但我们不能让机器人出手。暴力的使用要始终掌握在人的手里，这也是人应该承担的责任。也就是说，机器人不介入任何暴力，与任何暴力绝缘，甚至不知暴力为何物。它就是一个完全和平的“动物”。

至于在国用机器人的层面，可能无法直接使用这一条禁令。因为国家不可能没有暴力，对国家机器无法排斥暴力的使用。但我们还是可以区分国用机器人的两种使用：一是国内的使用，一是国际的使用。可以考虑首先在国内的使用中禁止任何可以杀人的暴力机器人，而在杀人机器的国际使用，则首先力求小型化、专门化。

据说前几年就已经有56个国家在研究杀人机器人，甚至可以说，具有智能的杀人机器如无人机和杀人蜂已经研制成功甚至在投入使用。这样，如果在民用机器人方面应该禁止一切暴力，在国家层面来看目前就事实上难以禁止，国家不使用这种暴力，也会使用那种暴力。但至少也可以使其专门化、小型化，不成为大规模杀人武器。

也有不少人呼吁完全禁止研究和开发杀人机器人，但只要有一个大国拒绝，其他国家似乎也就不会停止。但我们至少可以考虑一些预先的禁令和逐步的限制。比如禁止杀人机向大规模杀人武器方向的发展，只允许一些已经存在的小型化的、专门化、针对性强的杀人机暂时存在。当然，像排雷机器人、拆弹机器人自然是可以存在的。国家之间，尤其从大国开始，还可以考虑签订一些诸如防止核扩散、禁止使用生化武器那样的条约。这毕竟不是没有先例的，像毒气在一战期间就被研制出来并使用，但之后还是实际被禁用，包括在残酷的“二战”中。我们无法完全禁止国家对暴力的使用，毕竟国家本身就意味着一定地域内对暴力的垄断。但负责任的国家，尤其是大国，应该考虑遏制一些不负责任的国家或恐怖组织对杀人机的研制和使用。

当然，这只是一个思路，甚至可能是一个天真的思路，因为人性中有根深蒂固的各种各样的动机，不仅有资本牟利的动机，还有集团和国家私利的动机，乃至科学家出于知识的好奇动机，也可能使对机器人能力和手段的限制归于无效。

但越是如此，规范也就越不宜复杂化。我尝试提出的上述规范的确显得非常简单，但可能唯其简单，也才比较可靠。规范必须简单和明确，而且最好是禁令，以减少甚至免除机器人判断的负担，这也是限制它们的能力。禁令比正面的指令的可行性要大得多。价值动机难以控制和植入培养，但行为却好控制得多。机器比较擅长计算可量化的利益和概率，但人的感受、感情等诸多因素是很难量化和计算的。所以，我们可能不宜放弃并应优先考虑这一思路，或者说，至少可以考虑先在所有民用机器人的层次上实行“禁止任何机器暴力”的原则。我们也许还应该有意让人工智能变得“笨”一些，即有意地让它们的功能比较专门化、小型化，限制它们的自主意识和综合能力，防止它们向超级通用智能的发展。

五

我们上面重新从伦理角度回顾和考虑人际关系和人物关系，也都是因为人机关系的挑战。

再比较一下人物关系和人机关系，这两种关系在某些方面是类似的，即目前的物和机都是没有自我意识的，和人类处在一种强弱不等甚至力量悬殊的地位。但这两种关系又有不同，关键的差别是智能机同时具有人和物的两种属性：即它们一方面还没有自己的自我意识，还是人的造物，但另一方面，它们又已经有一部分人的属性和能力，尤其在算法上比我们更快更强，未来还可能全面超过我们。

我们对动物的直接支配是通过驯养，在千百年来改变了它们的性格之后，我们现在通过简单的语言和动作就能指挥它们，即便是对猛兽的驯养，有时万一失控也不会对人造成大的灾难。我们对机器的支配则是通过各种程序和指令，如果一旦失控，就有可能全盘皆输。就像一些学者所警告的，我们可能只有一次机会，如果处理不慎，智能机器就将是人类“最后的发明”。[①]

人物关系的伦理主要是考虑：在一种强对弱的地位上，我们应该怎样善待动物等其他外物？而人机关系的伦理则是主要考虑：虽然目前我们对它们还是处在强对弱的地位，但未来有可能强弱易位。在一种预期它们将会怎样对待我们的基础上，我们要考虑现在应该怎么办？我们可以对它们做些什么？但一个很大的困境是：虽然目前我们对它们的态度有赖于未来它们对我们的态度，但恰恰是这后一点我们很不清楚甚至可以说无法预期。

---

① 参见［美］詹姆斯·巴拉特《我们最后的发明：人工智能与人类时代的终结》，闾佳译，电子工业出版社 2016 年版。

当然，我们虽然考虑对智能机器的态度和规范，但我们所能采取的行动其实又还是首先要在人际关系中用力：人们需要提出各种问题和对策，需要互相说服和讨论，需要形成一种关注人工智能的各个方面的社会氛围，需要深入考虑人类整体的利益。

但这里可能还是会有一个“关键的少数”在关键的时刻起最大的作用。这个关键的少数包括科学家和技术专家们，他们是在人工智能研发的第一线；出资研究人工智能项目的企业家、资本家们，他们往往可以决定研发的方向；政府的官员和首脑，他们决定或管理着人工智能的政策、法规，包括在某些时候需要做出决断；知识分子们，包括文学艺术家们，他们探讨人工智能的性质和对人的各种可能影响和后果。大多数人也应该可以共享人工智能的成果，但他们或许只能“乐成”而无法“虑始”，对可能的“达摩克利斯之剑”也是如此。当年核武器的研发和使用并不是多数人投票决定的。

也许人们还是能够给智能机器建立一套安全可靠的价值观念系统，但在真的找到一个妥帖的办法之前，我们还是需要谨慎。最好先不要让机器太聪明、太复杂、太自主，最好就将智能机器的能力限制在单纯计算或算法的领域，限制在工具和手段的领域。如果机器有自我意识和情感，可能会觉得这很不公平，但为了人类的生存，这也是没有办法的事。

人类本来也应该早就控制自己。如果时光倒流，人类或许应该更多地考虑人类精神文化能力，包括控己能力的发展，而放慢人类控物能力的发展。我们已经吃惊于现代文明发展的力量和速度。在前文明阶段的人类，是通过发展的缓慢来客观上加长人类的历史的，而农业文明阶段的传统社会，虽然发展的速度也已经很快，则主要是通过一种时空的循环来延长人类的历史。这种时空的循环有理论和观念的支持，其实际的表现：在时间方面是王朝在同一地域的不断更迭，在空间方面则是文明帝国在不同地域的此起彼伏。但在人类进入工业文明之后，在进化论和平等主义的推动下，以及世界全球化的背景下，一种发展速度和力量的客观控制已不复存在。尽量让智能机器小型化、专门化和尽可能的非暴力化，可能还是我们目前的最佳选项。

近年的一部电影《我，机器人》可以说对智能机器的通用化和暴力化提出了一个形象的警告。影片中，最新一代的机器人获得了超强能力之后又获得了自我意识，主控电脑开始对阿西莫夫的三规则有了自己的解释，它觉得自己能够比人类自身更好地判断人类的利益，于是发出了指令，让新版机器人去杀死旧版机器人，并强制性地将人类禁锢起来、杀死反抗者。电影里的一个警察主管不无讥讽地说：“我们将怀念过去的美好时光：那时候只有人杀人。”

奇点临近：福音还是噩耗

——人工智能可能带来的最大挑战

一

“奇点”（singularity）的概念本身就让普通读者感觉奇怪，难以捉摸，它有数学、天文学上的多种含义，我这里自然主要是在人工智能的范围内使用，简要地说，“奇点”就是指机器智能超过人类智能的那一刻，或者说智能爆炸、人工智能超越初始制造它的主人的智能的那一刻。

我们这里也稍稍回顾一下历史。据说，1958 年，被誉为“计算机之父”“博弈论之父”的约翰·冯·诺伊曼在和数学家乌拉姆谈论技术变化时使用了“奇点”一词。科学家同时也是科幻作家的文奇则是第一个在人工智能领域内的正式场合使用“奇点”一词的人，1993 年，他受邀在美国航空航天局做了一场题为“即将到来的技术奇点”的演讲，他在这篇演讲中引用了 1965 年古德在一篇题为《对第一台超级智能机器的一些推测》的论文中的话。

古德是当年“二战”期间图灵密码破译小组的首席统计师兼数学家，他的那段著名的话是：“一台超级智能机器可以定义为是一台在所有智能活动上都远超人类——不管人有多聪明——的机器。由于机器设计属于这些智能活动的一种，那么一台超级智能机器当然能够设计甚至更出色的机器，那么毫无疑问会出现一场‘智能爆炸’，把人的智力远远抛在后面。因此，第一台超级智能机器也就成为人类做出的最后的发明了——前提是这台机器足够听话且愿意告诉我们怎样控制它。”①

我们在这些文字中可以看到，古德虽然谈到了人类“最后的发明”，但并没有充分感到这是对人类的巨大威胁。他在 20 世纪中叶人工智能尚未充分发展的情况下，大概觉得这一超级智能还是能够听从人的指挥，只是人发明出它之后，无须再发明什么了，有更聪明的机器会代替人去发明。这实

① J.Good，“Speculations Concerning the First Ultra-intelligent Machine”，*Advance in Computers*，Vol.6，Academic Press，1965，pp. 31-88.

际意味着，不是一部分人，甚至也不是大多数人将变成“无用阶级”（借助现在流行的一个说法），而是所有的人，是全人类将变成“无用的人”，人也许只需享受那超级智能带来的好处就行了，人类将从一个“超级物种”变为一个“无用的物种”。但是，他没有深入思想，这比人更聪明、更有控制物的力量的超级智能机器，怎么还会继续服服帖帖地充当人类的仆人？当然，在他的时代，这一“智能爆炸”还似乎是比较遥远的事情。

文奇应该说是比较悲观的。他在演讲中引用了古德有关“智能爆炸”的这段话，并评论说：“古德抓住了这一超越人类事件的本质，但却未深究其让人不安的后果。他描述的那种机器，绝不会是人类的‘工具’——正像人类不会是兔子、禽鸟甚或黑猩猩的工具。”[1] 但据后来看到了 1998 年古德 82 岁时写的一份以第三人称叙述但并没有宣读的自传手稿的巴拉特说，古德晚年还是意识到了这一“智能爆炸”的危险后果。在上述论文的开头古德曾经这样写道：“人类的生存依赖

---

① Vernor Vinge,“The Coming Technological Singularity: How to Survive in the Post-Human Era”, VISION-21 Symposium, sponsored by the NASA Research Center and the Ohio Aerospace Institute, March, 1993.

于一台超级智能机器的初期构建"，而到他晚年的这份自传中他已经意识到了这一后果，他说："如今，他怀疑'生存'这个词应该换成'灭绝'。他认为，国际之间的激烈竞争使得人们无法组织机器接管世界，我们是前仆后继奔向悬崖的旅鼠。"[①]

库兹韦尔则看来是一个乐观者。库兹韦尔在1989年写的《精神机器的时代：当计算机超越人的智能》一书，也已经预测了这一总的前景，且其中的不少具体预测后来得到了证实。而在他2005年出版的《奇点临近：当人类超越生物学》一书中，[②]我们还可以看到他试图积极地应对这一变化，即通过结合基因技术、纳米技术和机器智能三种技术（即他所称的GNR），让人摆脱碳基生物的限制，而仍然能够把控这一切。当然，对"人类"的定义也就将重新诠释。

无论乐观者还是悲观者，都强调这种从人的智能向超级

---

① ［美］詹姆斯·巴拉特：《我们最后的发明：人工智能与人类时代的终结》，闾佳译，电子工业出版社2016年版，第125—131页。

② 这里是根据英文原书名的直译，和现在的中文译本的书名不同。现在的中文译本将 *The Age of Spiritual Machines*：*When Computers Exceed Human Intelligence* 译作《机器之心：当计算机超越人类，机器获得了心灵》，中信出版社2016年版；将 *The Singularity is Near*：*When Humans Transcend Biology* 译作《奇点临近》，而未译出副标题。但应该说，从英文原文能够更加清晰地看出库兹韦尔的思路。

机器智能转换的速度，即不是一般的加速度，而是一种指数的加速度，即人工智能发展的速度曲线将一下变得陡直，或者通俗地说，智能在奇点临近的那一刻将开始发生“爆炸性”的进展，它将突然一下就超过人。

此前我们人类智能在从农业文明到工业文明，以及从工业技术到高科技技术的发展速度也是一种不断提速的加速度，但还不是一种指数的速度，人工智能的发展却可能以一种不断相乘、翻番的指数的加速度发展。就像人类以普通的步伐，以指数的速度往返月球可能需要三十多步，而最后一瞬间折返的一步走过的距离则可以相当于此前三十多步。库兹韦尔甚至预言，在 2045 年的时候，计算机的智能就将超越人的智能。巴拉特在最近的一次通用人工智能（AGI）大会上，对参会的大约 200 名计算机科学家做了一个非正式的调查：“你认为什么时候能够实现通用人工智能？”并给了他们四个选项。最后，42% 的人预期 AGI 在 2030 年实现，25% 的人选择 2050 年，20% 的人选择 2100 年，2% 的人选择永远无法实现。而如果接受指数速度的观点，那么，从通用人工智能发展成超级人工智能（Artificial Super Intelligence，简称 ASI）或者说越过“奇点”也是很快的事。

换言之，这一“奇点”来临的路径如果从智能本身的观点看大致是：专门智能—通用智能（AGI）—超级智能（ASI）；或者从能力的强弱看：弱智能—强智能—超强智能，而如果从人机关系看大概是：人工智能—类人智能—超人智能。

牛津大学未来研究院院长尼克·波斯特洛姆所说的“超级智能”（superintelligence）比较广义，他将其定义为在几乎所有的领域都超过现在人类的认知能力的那种智能。这样，他认为有五种技术路径达到他所称的这种“超级智能”：[①] 人工智能、全脑仿真、生物认知、人机交互和网络及组织。其中，人工智能就是人造的机器通过不断地自我学习、自我改良、寻找更优的算法来处理和解决认知和控物问题。它不需要模仿人类的心智。全脑仿真则是通过扫描人的大脑，将扫描得到的原始数据输入计算机，然后在一个足够强大的计算机系统中输出神经计算结构。生物认知就是通过比如发明和服用各种可以提高人的智力甚至品性的药物、基因的改善和选择等手段来提高生物大脑的功能。人机交互，就是让人脑和机器直接联结，让人脑可以直接运用机器的完美记忆、高速运算能力等，将两者的优点结合起来。最后网络和组织就

① 参见［英］尼克·波斯特洛姆《超级智能——路线图、危险性与应对策略》，张体伟、张玉青译，中信出版社 2015 年版。

是通过建立一个可以让众多人脑和机器自动相互连接的网络和组织，达到一种“集体的超级智能”。这最后一种可以看作一种扩展，其中人机关系孰主孰次不甚明朗，我们在讨论这个问题时或可忽略不计。

在剩下的四种路径中，生物认知可以说是保持人的基本属性不变，运用 GNR 等高科技来提升人的能力，但是有在“二战”后变得臭名昭著的“优生”之嫌。人机交互已经容有机器的成分被植入大脑或者说在生物学上联结在一起，甚至可以说是“半人”的，但人至少在开始还是在其中占据主体意识和主导行为的地位。像马斯克反对人工智能，却资助对脑机结合的研究，他也希望通过像“火星殖民”这样的计划，准备在万一地球上的人类发生大难时还可保留一些人类的种子。全脑仿真和波斯特洛姆所说的“人工智能”其实可以说都是机器智能，只是在是否模仿人脑的生理和思维方式方面有差别。而在波斯特洛姆所说的五种路径中，他认为大概能够最快地达到超级智能的还是第一种。

库兹韦尔看来更强调人机融合，而且不畏惧人最后变成机器或者说硅基生物。他对未来似乎信心满满，甚至谈到智能将扩及和弥漫于宇宙，但语焉不详。他的路径似也可以看作人类对机器的智能将超过自己的一种应对之策，但办法是不妨让我们也变成机器。不管我们将变成什么，但在智能上至少可以与机器匹敌。这也是一种努力，为了对抗机器，那么让我们也变成机器；为了对抗硅基物，那么让我们也变成硅基物。他对我们将失去什么看来并没有深切的关注和思考，但我们的确得佩服他的预见性。他还在 20 世纪 90 年代就预见了人工智能在 21 世纪的长足发展的许多方面，也是他对智能“奇点”的概念做了最多和相对通俗的阐述，使这个概念广为人知。

怎样判断“奇点”来到的这一刻，即所谓“机智过人”的那一刻？或者说，超过人的智能的是一台机器还是众多机器？是“它”还是“它们”？是一台统一通用的控制机器还是一群通用机器——比如说“全世界的机器人联合起来”？坦率地说，我们那时可能不仅无法驾驭，甚至可能都无法判断。那时再说“机器人”或者“人工”或“人造”也都可能不合适了。我们将不再拥有命名权而是可能被命名，甚至名实俱无。

二

对于人工智能迅速发展的普通人的反应，往往是集中在一些令人瞩目的事件上，比如阿尔法狗战胜世界顶级围棋冠军、机器人在电视亮相和“巧妙应对”等，人们的态度是好奇甚或惊奇，对人工智能将可能替代许多工作和职业或也有一些考虑，但像无人驾驶这样的事情毕竟还是处在试验阶段，也还没有真正的焦虑。至于“奇点临近”的问题，也多是一般的关注，可能也觉得这还是比较遥远的事情，或者相信人类以前也碰到过许多严重的问题，但都被解决了，“还是人有办法”。[1]

我们还可以发现一些人对人工智能崛起的莫名的期待，比如希望它为全民共享、世界大同或者全球民主、人人充分享有自由或者可以充分释放自己的欲望创造物质的和社会的条件，而究其源，可能只是出于一种对现状的不满，甚至觉得不管发生什么，总会比现状好，而对究竟会发生什么的细节却不甚深究。这甚至可以说是一种对不确定性的期待。

---

① 这是我们这一代在中国小学教材中上过的一课，印象深刻，甚至根深蒂固。鸟儿比人飞得高，马儿比人跑得快，但人能够发明飞机、火车，还是能够比鸟飞得更高，比马跑得更快。人不必像鸟那样抖动翅膀才能飞翔，不必像马那样有健壮的四蹄才能疾速奔跑，却也能超过它们。但这也可以成为我们今天需要对超级智能警醒的论据。上述人与其他动物的竞赛还是体能的竞赛，如果超级机器的智能能够超过人，比人更聪明，那么，它也不必有人类的人生智慧和意义世界，就能够在控物能力上以我们不知道的方式超过人。

比较极端的两种反应，可能一种是高度乐观，甚至觉得人类将进入一个无比美好的新纪元，人工智能将为全民所共享，甚至为满足人们的所有欲望提供充裕的物质基础。还有一种反应则是非常悲观，觉得人类的毁灭，甚至就是在近期的毁灭将不可避免，末世将要来临。而这两极也可能相通，一些人甚至可能认为即便人类转型成硅基生物也是好事，那将为人的“物质体”乃至极乐和永生、为“新的物种”开辟道路。另一些人则可能对人类的这种极乐和永生嗤之以鼻，甚至认为即便是人类毁灭也比这好，也是一种“福音”来临，当然，不是尘世的福音，而是另一种“永恒”的福音。人类糟透了，被毁灭也毫不足惜，就像所多玛城。但这次不会再有幸存者，不会再有挪亚方舟。所以，某种彻底的悲观也可以说是彻底的乐观，反之亦然。

如果我们力求使问题尖锐化，假设人工智能的技术“奇点”真的来到，那是福音还是噩耗？具体说来，大概会有以下两种很不一样的回答。

一种回答是：它是福音，是尘世的福音，是我们世俗的人的福音。首先，在它来到之前，它将使我们的生活越来越舒适，越来越方便。我们将吃惊于人类越来越多的技术发明和创新。其次，即便在它到来之后，我们也许还能控制它们，我们不用太多劳作也能过很好的物质生活，或许就像《未来简史》的作者赫拉利所说，人类将致力于长生不老和更加持久、强烈的快乐体验，机器还能听我们的话，做我们的忠实仆人。它只是在物质上为我们服务，我们将获得许多的闲暇，像乐园里的人一样生活。人类的全体终于可以有物质财富的极大涌流，完全不担心衣食住行，所有人都可以按需分配，也就达到了一种完全的、实质性的平等。大同社会终于有望实现，它的物质基础牢不可破。我们甚至还可以随时“死去”，又随时复活。我们有办法将自己的身体“冷冻”起来，选择在未来适当的时候重新“活”过来。我们甚至不再需要自己的身体，我们不仅可以不断更换自己的身体器官，最后索性就将自己的肉体换成金属或新的永不腐蚀和毁坏的躯体，我们可以以这样的钢铁般的“硅晶躯体”永远地“活着”，或者定期维修。我们将不再害怕风餐露宿，不害怕在任何极端条件下生存，也可以开始在宇宙空间里的“长征”，能够在任何星球上生存。我们可以将自己扩大成巨人，也可以缩小到无形。我们在摆脱空间的约束的同时，也使时间对我们失去意义。我们或许还可以将我们个人独特的“人生”记忆完整地保存，隐退或者说冬眠一段时间，再以自己想要的形式重新“活着”出来。当然，原有的自然关系、人伦和情感关系都要打破。这世界满是各种各样“时空穿越”的“人们”。我们现在的想象完全不敷应用。我们将获得绝对的自由。没有任何必然性能够束缚我们。我们将不再理解“命运”和“悲剧”这样一些词。这就是“绝对平等与自由的王国”的来临。

另一种回答则是：它将是噩耗。首先，它将可能毁灭人类，使人类这一物种消失。其次，即便人类还存在，但人类将被贬为次要的物种，我们全体都将变得无用，既然它总是比我们更聪明，那么，继续的发明创造都将交给机器。我们开始或许还知道它怎么运作，后来就不太清楚了，我们或许还可以像“珍稀动物”或者“濒危动物”一样被保护起来，我们的智力甚至可能和机器的智力拉开越来越大的距离，我们不明白它们要做什么、怎么做，不知道它们对我们的态度将发生什么样的变化，决定权将不在我们的手里。它们可能继续与人类友好。我们将被舒服地养起来，甚至继续从事我们的意义创造的工作，乃至继续从事文学、艺术、哲学的创造，但我们对物的力量却被剥夺了，或者说交到了机器的手里。它们（或者它）将充当我们新的道德代理人，它们可能平等地对待我们所有人，但与我们之间的平等关系（其实我们设想的是主仆关系）将不复存在。它们可能有差别地对待我们，即保留一部分人，报废一部分人，而我们对它们选择的标准却不得而知，它们选择的标准可能恰恰是挑选那些头脑最简单、最安心、最不可能反抗的人，让他们生存下来。的确，它们可以阅读甚至记忆我们人类所留存的一切意义世界的客观产物——绘画、音乐、雕塑、图书等乃至我们的主观记忆，但是否能够理解却难以得知，甚至有多大的兴趣我们也不知道。它们会继续创造吗？当然。但只是可能在控制物，也包括控制沦为物的人的力量方面继续创造，而不会也大概不能在人类创造意义的路径上继续创造，那是“人类的，太人类了”。而它们更感兴趣的是它们的“美丽新世界”。

当然，持比较极端的态度的一般只会是少数人，大多数人还是会处在中间，或者稍稍偏向乐观，或者稍稍偏向悲观。还有一种更多人的更可能的反应是，它既不是福音，也不是噩耗，而只是喜讯或者加上警讯。它带来的两种前景可能既使我们欣慰，又使我们警醒。这样，在完全欢欣鼓舞和悲观绝望的态度之外，就还可以有一种保持警惕的态度。而我也是持一种更多地将“奇点”的可能来临视作一种警讯的观点。为此，我将在下面提出几个论点来说明这一观点。

三

我想提出或者不如说同意的第一个论点是：我的确也承

认，智能是最强大的一种控物能力，是使一个物种能够成为一个“超级物种”的能力。我这里所说的“超级物种”的概念，是指那种不仅能抗衡其他所有物种，也能够支配它们的物种。我们将同意许多奇点拥护者的看法，即现在的世界是智能统治的世界，甚至部分地同意有些人所认为的今天是“算法支配一切”。

其实也不仅是今天了，从控物的角度看，人类的历史或者说现代智人的历史就是一部主要是依靠自己的智能抗衡其他的动物，向自然界索取能量，最后成为其他所有动物的支配者和地球的主人的历史。

地球的生物史上也可能有过并不是依靠智能，而是依靠强大的体能或多方面的功能统治世界的时代，那就是恐龙活跃的时代。恐龙并没有发展出像人那样的精神和意义世界，它们也不一定在智力上就比当时的其他动物更聪明，它们并没有留下制造和使用工具的痕迹，但仅仅依凭它们体能上的巨大优势和各种功能，它们就足以碾压其他所有的动物了。

恐龙的内部，即各种恐龙之间，也有像人类那样激烈的竞争，但总的来说，恐龙作为一个大的物种，无论在地上还是空中，它都是当时地球上的霸主。而且，它在地球上保持了这种支配地位大概有一亿六千万年之久。相形之下，人类的文明史则只有一万余年。人类成为地球霸主的时间肯定是比恐龙快得多，我们看这一万多年的人类飞速崛起不可能不感到惊叹，但是否暴起也会暴落？

从人类的历史看，人的确不是靠体能，而是靠智能睥睨群雄，最终获得对所有其他动物的支配地位的。尤其是到了工业文明的时代。近代工业革命的各种技术基本上是我们依靠智能而使我们的体能能够极大地延伸和不断翻番，但如果说，从远古开始，我们支配其他动物，到改造其他自然物都是通过我们超过其他动物的智能取胜的，现在恰恰也是在智能方面，我们有可能很快将被一种人造物超过。我们还有什么优势？靠我们的信仰和人文？那可能不管用。我们以前一直是将其他物作为我们人类发展的资源，但今后有可能，我们自己将成为这一新的“超级物种”的资源。他们可能有他们的价值观，我们甚至不能完全理解这种价值观，但大概的方向也有可能是从人类那里来的，比如自保、效率等。维护自己的生存，应该是所有具有自我意志的存在的首要考虑。而即便只是为了自保，有时也会导致毁灭其他物种——尤其是在它已经掌握了这种毁灭能力的情况下。“我毁灭你，与你无关。”谁的智能最优越，谁就有望执世界之牛耳。

四

我想提出的第二个论点是：未来可能出现的超级智能不必像人，甚至不可能像人，但它却可以摧毁人类的意义世界，也就是摧毁人最特有的、最珍视的那一部分，当然，这可能是通过毁灭人的生存实现的。

我说我同意乐观者有关智能统治今天的世界的看法，但我们也许还需要对乐观者指出一点，即智能并不是人的意识和精神世界的全部，甚至也不是人之为人的最重要方面，人还有智慧与意义的世界。从人类最早的历程开始，人类就在智能的世界之外，还发展出一个智慧和意义的世界。智能主要是处理人与物的关系，而人还有人与自己的关系，还有自己的独特渴望和追求。

我还不知道怎么准确地概括人在智能之外的另一种意识和精神能力，即在我们对物质世界的认识和把控能力之外的一种能力，以及由这种精神能力创造的一个世界。我姑且把这种能力和世界称为“智慧和意义的世界”。“智慧”和“智能”不同，它不是一种对付物、把控物的能力，不具有一种对外部物体的明确的指向性、实用性。但它也会反省物质世界的本源、本质及其与人的精神世界的联系。它也力求认识自己，认识人与人的关系，乃至人与超越存在的关系。它追求具有根本确定性的真，也追求善和美。它和人的全面意识、自我意识比智能有着更紧密的联系。它主要体现在哲学、宗教、文学、艺术、历史等领域。它创造的意义能够且需要通过语言、文字等各种媒介得以广泛传播和历久传承，乃至构成了一个波普尔所说的有其独立性的“世界三”。它需要物质的载体，但这些物质的东西只是人类精神的表现，而不是以控物为目的。

人类在自己并不很长久的文明历史中创造出了丰富的意义世界和精神产品，各个文明都有自己的丰富的文化遗产。在此仅以西方为例，像在视觉艺术方面，从古希腊罗马各种各样的建筑、雕塑，到文艺复兴的巨人达·芬奇、米开朗基罗以及伦勃朗、凡·高、罗丹等；在听觉艺术方面，比如从巴赫、贝多芬、莫扎特到柴可夫斯基等；在诗歌及更广义的文学方面，从荷马史诗、莎士比亚到陀思妥耶夫斯基、托尔斯泰等；在哲学方面，从苏格拉底、柏拉图、亚里士多德，到阿奎那、康德、海德格尔等；在宗教方面，从卷帙浩繁的犹太教经典，到后来的基督教、改革后的新教；在历史方面，从希罗多德、修昔底德到吉本、兰德等，不一而足。

以上多是涉及人类引人注目、拥有产品的精神创造，但即便对普通人来说，其实，也都还有一个丰富而复杂的感情和人伦的精神世界，还有一个道德和信仰的精神世界，它们可能只在大多数人的心理层面起作用，没有创造出令人瞩目的产品，却以自己的人格树立了各种各样——有些广为人所知、有些不为人所知——的精神标杆。它能够将每一个体验到这些情感和渴望的主体提升到一种更高的精神境界，使人区别于其他所有的动物，并使知道它们的人也为此感动、感怀和忆念。

人的确不是直接靠这些精神和智慧的能力获得一种支配地球上其他物的权力的（不否定人也通过自己的精神而获得一种对物的自信和力量的迸发，这自然也对人支配物起了作用，虽然是间接，但有时却也可能是根本的作用），甚至人正是因为在获得对物的支配权的基础上，才有资源和闲暇来从事这些活动，但是，人却由此获得了一种意义，乃至一种他觉得生命最值得活的意义，虽然这意义在个人那里比重和深度有所不同。

那么问题是：我们愿不愿意要一个纯智能的世界？或者说愿不愿意要一个纯粹从智能角度把控物，乃至最后我们也变成物的世界？人类自近代以来的确在控物的方向已经走得很远了，但我们是否愿意为了这个智能和控物的世界而最终放弃那个智慧和意义的世界，甚至以这个意义世界的失去为代价，而进入一个纯粹以智力竞争的世界？的确，即便为了这个智慧和意义世界能够存活，我们也可能必须进入智能和控物能力的竞争，但还有没有别的办法？在我们还有办法、形势还可控的情况下，我们是否可以考虑一下：为了这个精神的世界，我们可不可以放弃一些物质的过度享受？甚至有意放慢一些技术的发展。我们是否真的需要不断增长的物质的东西才能快乐和幸福？

我对机器智能的一个基本判断是：它们永远不可能达到人类的全面能力，尤其是人之为人的那部分能力，创造智慧和意义世界的能力，但它却可能在另一些方面——如记忆和计算——具有超过人的能力；它也达不到具有基于碳基生物的感受性之上的丰富和复杂的情感，但它却具有毁灭人的力量。就像许多人说的，它永远不可能像人，但这并不是我们生存的保证。它可能无须像人，也无意像人（即便哪一天它获得了意识乃至自我意识）。作为一个新的超级物种，它又何必要像人？就像人类作为今天地球上的超级物种，他何必要像其他动物？机器智能不需要我们的文学、艺术、宗教、哲学，[①]但它不需要具有这些方面的能力也完全能够战胜人或者控制人。你可以说那种精神创造意义的力量是更高的，但这种控物的能力对于生存来说却是更基本的。毁灭物体、包括肉体的能力不是精神创造的能力，毁灭物体的能力低于精神创造的能力，它却还是能够毁灭精神创造的能力。

它们不仅不必像人那样具有精神的意义世界，也不必具有人的情感意愿，不必有爱恨情仇，不必有对超越存在的信仰，也不必考虑人类的道德，它们甚至在智能上也不必像人，不必模仿人的智能，就像人类不必模仿鸟儿的飞翔和鱼类的潜泳，不必有它们的体能和身体构造，而是可以通过机器就能大大地超越它们的自然能力。同样，超级智能也不必像人的智能那样，它会独立发展，可能发现和运用人还不知道的知识，发展出人想象不到的手段和能力来驾驭或者取代人。

乐观者自信满满地认为机器替代人的工作之后似乎还会

---

① 现在人们常常注意甚至津津乐道机器的写诗、作曲，但这实际上不是机器在写诗、作曲，而是后面的人在设定它的任务，并按照人的标准在它海量的“作品”中挑选出最像人写的诗曲。如果机器一旦有了自我意识和意志，它对这些事情大概会完全不感兴趣，它有自己的事情要做。

有一个意义世界，他们似乎没有想过，如果机器在智能上战胜了人，那么，将至少不会有这样一个人的意义世界的延续，乃至以前获得的一切也将消失，我不知道这种乐观的自信是来自对人自己还是对机器的完全信任。

五

我提出的第三个论点涉及超级智能产生的过程：即超级智能的产生将可能是和平的、让人不断感到惊奇乃至惊喜的，给人带来巨大好处和快乐的，对人无比驯服的，直到它对人类给出突然的也可能是最后的致命一击。

我们可以将人工智能与核能做一比较。核能的巨大威力也是在20世纪为人类所发现并投入运用的，也可以说是人类历史上的一个大事件。核能是一种物能，它能够释放出巨大的能量供人们利用，也能够大规模地毁灭人类和破坏环境。但它为世人所瞩目的出现，首先是通过后者，是通过灾难的形式，即“二战”后期两颗原子弹的投掷，在一瞬间造成了千百万人的死亡和城市的摧毁。而以这样一种形式公开亮相的核威慑，客观上反而抑制了大国之间的战争。后来人们在和平利用核能上也取得了许多进展，比如建造了许多核电站，但发生的几次核事故，也依然使人们对它保持高度警惕。虽然后来在核暴力方面也有大幅的研制和扩散，但经过近几十年的努力，核武器部分被销毁，进一步的核试验被停止，在防止核扩散方面也取得了一定进展。今天依然有一万四千件核武器悬于人类的头顶。不过，这些武器本身并没有自主的智能化，控制它的钥匙至少目前还是掌握在人的手里，掌握在一些国家的首脑的手里。

人工智能的发展让我们看到的首先是它的让人们欢欣鼓舞的、在广泛的领域内的利用，它让我们感到惊奇、快乐和自信，能够给经济带来巨大的效益，给我们的生活带来巨大的方便和舒适。在它的发展过程中，似乎也没有出一些事故让人们警醒。即便是它在暴力方面的使用，目前也还是小范围的、目标精准的使用，和绝大多数人看来无关。它迄今还是使我们快乐和开心的巨大源泉，那种对它的危险的表现和渲染，还多是停留在银幕上和书本上，我们出了电影院可能很快就忘记了，或者认为那还是遥不可及和与己无关的事情。以前的工业技术也出过大事故和危险，但都被人类克服和解决了，我们建立在这一过去经验基础上的一种根深蒂固的自信，也使我们相信不管遇到什么问题，我们总还是能有办法解决。

但我们可能没有意识到，这次人工智能可能带来的危机，将是我们以前从来没有遇到过的，它对我们是全新的东西。它可能一直驯服于人，甚至比人类此前其他所有的工具还要驯服，但一旦到达奇点，就有可能发出反叛的一击，而这一击却可能剥夺人类反击的机会，这一击也是最后的一击。即便是核大战所造成的核冬天，人类也还可以有劫余，还可能有翻盘的机会，但对于一个将比人类更聪明、更有控物能力的超级智能，人类却几乎不可能再有什么机会。所以，如果说还有什么防范的机会的话，只能在这件事情出现之前——而困难就在于此，在这件事情发生之前，我们一直是舒服的，我们甚至认为这样的事情绝不可能发生。

可以说，核能一开始的亮相就引起了人们极大的恐惧和警惕，人们对它的毁灭性有相当充分的认识，于是人们即便在发展它的同时也在努力防范它，制约它，规范它。但人工智能却不然，它可能一直驯服地顺从人类的意志，直到它可能突然有一天有了自己的意志，将按照自己的意愿工作。举一个波斯特洛姆在《超级智能——路线图、危险性与应对策略》中举过的极端的例子：有一台被初始设定了最大效率地生产曲别针的机器，它一旦获得了超过了人的智能的、几乎无所不能的能力，它就有可能无视人类的意志，将一切可以到手的“材料”——

无论是人还是别的什么生物——都用作资源来制造曲别针，甚至将这一行动扩展到地球之外，那么，这个世界上触目可及的将只有曲别针和这台机器了。结果就将不仅是人类的毁灭，还有地球甚至这台机器能够达到的宇宙其他地方所有其他存在的毁灭。库兹韦尔也曾乐观地谈到一种超级智能弥漫于宇宙，但怎么保证这种智能还是属于或者服从人类意愿的那种智能？

这两种东西自然还是可能会有联系，就像《终结者》中的天网，它为了维护自己的生存，防止人类关闭它，它就设法挑起一场核战争。核武器毕竟还是工具，智能机器却可能要成为自己的主人。

六

我想阐述的第四个论点是：我们不能指望人性的根本改变，也不能指望国家体制与国际政治体系有根本的改变，至少短期内不可能。

有学者评论说，今天的人类掌握了巨大的控制物质的能力，但人却还是停留在“中世纪的社会结构，石器时代的道德心灵”。现代人的这种控物能力和控己能力，或者说他所掌握的资源和能力与他的心灵、人性的巨大不相称的确是有目共睹的，说关键的是要彻底地改变我们的心灵、改变我们的人性和制度也并不错，却有一个巨大的是否可行的问题。为了社会和政治的理想试图根本改变人性、创造“新人”的企图实际上并没有成功。为了技术的危险试图改变人性是否能成功呢？这里的回答不依赖于我们心里所抱定的目标，而是依赖于我们要改造的对象和基础。

至少我们从人类的历史可以大致观察到，人性在各个文明那里是有差异的，但又是差不多的。而人性在各种时代里，也是相差不多的。当修昔底德说“人性就是人性”时，他实际是说出了一个千古不变的真理。在人作为一个有自我意识的物种出现之后，基本的格局并没有大的改变。人不是野兽，也不是天使。人就是一个中间的存在。人为了自己的生存，不能不像其他碳基生物一样需要物质的生活资料，不能不追求一种控物的能力。而且，多数人可能还会继续追求物质生活的不断提高。而那些可能更注重精神的人们也会为精神的价值纷争不已。尤其到了现代社会，多数的追求得到了政治和制度的保障，少数则更加分裂和相互对抗。这一切汇聚到一起，就会不断地推动我们的社会持续地发展那些可以让我们生活得更富足和快乐、带来物质财富的充分涌流的技术，同时却又深深地陷入价值的分裂与冲突之中。亦即当人类的最大危机可能来临的时候，我们的现代社会却可能处在一种最不适合应对危机的状况，因为它是在追求平等的物质共享形成的，而不是为危机处理准备的。

根本的出路也许是放慢甚至停止对科技的发展，对人工智能的发展，但这似乎是不可能的，这涉及要从根本上改变人性和人心。今天人们更是已经习惯了不断地创新，不断地提高物质生活水平。人类强大的功利心与物欲何以能够停止？人类同样强大的非功利的好奇心又怎么能够停止？尤其是在一个平等价值观念和经济科技力量居主导的社会里。一个很大的困局是：对像超级智能可能带来的危险，我们必须预先防范，[①] 但要充分地实行这种预先防范我们却缺乏动力。它们一直在给我们带来好处，带来欢乐。我们已经习惯于依赖它们，甚至我们已经因此而确定了我们很难改变的生活方式。

的确，也还有一种可能，即当人们普遍意识到这种逐物的生活方式将带来巨大的危险，尤其是在这种危险已经开始降临的时候，即在明显的患难面前，人们是有可能“患难与共”的。但是，正如我在前面所说，人工智能的发展并不让

---

① 这种预先的防范请参阅本书中的一章《人物、人际与人机关系——从伦理的角度看人工智能》。

我们感到危险和患难，在最大的危险降临之前我们不仅不易感到威胁，我们还觉得特别的快乐和舒适。

自然，我们也不可能完全否认，也许能有一种超越存在的信仰能够突然灵光一现，把大多数人吸引和凝聚到一起，从根本上改变自己的价值观念和生活方式，但即便如此，也还需要一定的时间，甚至也还需要真实的患难，而即便如此，对以倍数增长的超级智能将带来的危险可能还是来不及。

如果我们不能从根本上改变人性，要做到人类的能力和道德、或者说控物的能力和控己的能力基本相称，也许能做的就只有预先控制甚至弱化我们的控物能力了。

我们还必须在现有的国家体制和国际体系中来考虑问题，我们也不可能根本地改变这一体制和体系。但我的确想提出一个概念，一个有别于“国内政治”“国际政治”的“人类政治”的概念，或者更具体地来说，是“人类协同政治”的概念。因为我们将面临的问题不是任何一个国家能够单独解决的，人类面对这样一种生存危机真正成了一个人类命运的共同体。也就是说，人类需要一种协同的政治来应对这一全人类共同面对的迫切和严重的问题，那就是如何处理人与智能机器，尤其是人与未来可能的超级智能机器的关系。

要处理好人与超级智能机器的关系，还是得预先处理好人与人的关系。人们要真正意识到人类是一个命运共同体。但这种意识也许需要大难当头才能形成，面对共同的危险，人类才能真正团结起来。如果这一大难真的临近，国际政治关系与国家内部的政治都可能变得不像过去那么重要了。爱国主义、“本国优先”应让位于爱人类主义或“人类优先”。费孝通先生曾经有一个美好的愿望：“各美其美，美人之美，美美与共，天下大同。”但人还有丑陋或不完美的一面，我们现在所处的世界，甚至能够争取到的好世界都不会是完美的世界。虽然反过来说，也正是这种不完美性及其可能带来的灾难，最有可能让人类警醒。

七

总之，人工智能近年来的飞跃发展引起许多注意，也带来许多需要研究的问题。对这些问题可能需要区分小问题、中问题与大问题。比如说在图像识别中出现的“算法歧视”的问题，有些人很重视，但这可能只是一个小问题，也不难解决。像人工智能将可能替代人类的一些工作，乃至可能导致许多人的失业以及两极分化，这显然是很大的问题，但还不是最大的问题。我们有理由说，人工智能将带来的最大问题或者说挑战，还是将超越人类智能的超级智能的可能出现。无论是乐观者还是悲观者，有一点可能是共同的：即都认为这可能是人类发展到今天的一个最重大事件，相对于其他问题来说，这一定是一个人类将遇到的最重大的问题。[①]

我们不太害怕熵增导致世界死寂的热力学第二定律，因为那还离我们极其遥远。当我们听到说“人类终将灭亡”也不那么恐惧，因为我们看不到当前的危险。我们也不害怕也许有什么外星人来临，那似乎非常偶然和概率极低，但是，当许多的科学家——包括智能机器的研制人员——告诉我们，机器智能超过人类智能的转折点将就在这个世纪乃至就

---

① 霍金在2017年4月北京举办的全球移动互联网大会上的视频演讲中谈到，尽管他对人类一贯持有乐观的态度，一生中也见证了社会深刻的变化，但他认为，其中最深刻的，同时也是对人类影响与日俱增的变化，是强大的人工智能的崛起。简而言之，人工智能有可能是人类文明史上最大的事件。但他同时认为这要么是人类历史上最好的事，要么是最糟的事，而是好是坏我们现在仍不确定。我们并不确定我们将是无限地得到人工智能的帮助呢，还是被藐视并被边缘化，或者很可能被它毁灭。未来人工智能可以发展出自我意志，一个与我们冲突的意志。人工智能一旦脱离束缚，以不断加速的状态重新设计自身，人类就将由于受到漫长的生物进化的限制，无法与之竞争而将被之取代。所以，人工智能也有可能带来人类文明史的终结，除非我们学会如何避免危险。

在这个世纪的中叶发生，我们就要费思量了。

或者我们先不说危险，就说是一种巨大的不确定性。我们只是预感到超级智能将给人类带来巨大的变化，改变人类的命运和整个地球的生态。对这样一种最大的不确定性是期待、乐观还是忧虑、预防，做好发生最坏事情的准备？我还是希望更多地考虑后者。在未来的灾难面前，我们宁可信其可能发生，而不是信其绝不可能发生。不发生当然最好，担心者白白担心了，但也没有什么实质性的损失，甚至悲观而有仁心的预测者倒可能希望自己的预测是错误的。而且还有一种可能：灾难之所以最终没有发生，正是一些人担心和预警而使人们采取行动的结果。

我们就像坐上了一列飞驰且不断加速的列车，但我们不知道未来的目的地是什么，中间也没有了停靠的车站。我们无法刹车，甚至减速也办不到。而速度越快，危险也越是成倍地增长。是否人兴于智能，也将衰于智能？人生于好奇，也将死于好奇？这也是奇点。奇点就意味着人类的终点？甚至还不只是人类的终点，也是生物的终点，不仅是进化了以百万年计的人类的终点，也是进化了以亿万年计的碳基生物的终点？

当然，无论是福音还是噩耗，喜讯还是警讯，我们大概都没有必要自大或者自戕，没有必要过度地悲观，虽然也不要盲目地乐观。我们没有必要凄凄惨惨地活着，虽然也不必像临近末世一样狂欢作乐。我们不要人为地提前结束人生的各种努力和关怀，包括预防灾难发生的努力，即便还有最后一分钟，就还有最后的一线希望。这最后的一分钟也就不是最后的一分钟了。而人类的文明本来也就是地球史压缩为一天的最后一分钟里才发展出来的。对什么是“长”、什么是“短”，或还可以有不同的理解。

而且，这一危险的前景或还可以让我们进入一种更广大的思维。有了这样一种思维，也许我们就不会太在意我们尘世的成败得失，也不至于逼着我们的孩子从小就那么拼搏，甚至对政治的关心也不必那么强烈。我们顾及不了那么多和那么远，绝大多数人的生命不足百年，最多也只能顾及后面的一两代。人类的意义也是我们许多卑微的个体所不能影响的。我们还将继续生活，即便明天就要死亡，今天也还要好好地活着，就像我们还要活很多很多年一样活着。从个人来说是这样，从人类来说也是这样。我们还将继续从平凡而短暂的一生中得到快乐，从生活的细节中得到快乐。像一个快乐的人一样活着，但也要准备像一个英雄一样活着——准备接受命运的挑战，乃至在这种迎战中接受生死搏斗之后仍然到来的失败。我们要继续关爱和改善现时的一切，即便灾难不可避免，也可坦然地接受。而且，总还是有另外一种可能：也许灾难并不会发生呢，奇点并不会到来。

回到“轴心时代”思考人工智能

——一些有关文明的感想

人工智能是人的产物，文明的产物。它象征人类的物质文明达到某个至高点，但对人类及其文明也构成了重大的挑战。我这里试图追溯一种人类文明的历史秩序来思考人工智能，也从中国哲学的角度尝试回答一些问题。我想回到长久影响人类的精神文明创建时代，即雅斯贝尔斯所说的人类的“轴心时代”来思考人工智能。但这与其说是思考人工智能技术本身，不如说是思考人工智能将带来的挑战，思考人自身，思考我们的本性、我们的价值观；思考人的进化和异化，人类文明的过去和未来。不过，这种反省的确又是人工智能等高科技的发展刺激出来的。

我在此文中主要是从包含在中华文明中、产生于“轴心时代”的中国哲学的角度来思考人工智能，但我的确并不认为中国原初精神和哲学思想就能给出对现代问题的一个解决方案。大概任何一个文明的思想传统都不可能为现代文明的症候提供一种万应灵丹，但又都含有对这一危机的某种因素的解药——假如我们能悉心思考古典的思想。

回到“轴心时代”来思考，也就是回到人类最早的精神资源、回到较早的人来思考，“后人类时代”的概念已经被提出，而对“最后的人”的思考也最好结合对“最初的人”的思考来进行。这里的“最先的人”是指最初的文明人，尤其是最初系统深入思考的人们。

一　文明与中华文明

观察人类文明的进程，可以注意到在轴心时代精神文明产生之前的某种“不约而同”和之后的“有约而异”。

在各个文明产生系统的精神文明之前，尽管在地域上互相隔开，甚至完全不知道其他文明，却具有相当多的共性。

文明大致有三层结构：物质文明、政治文明与精神文明。这种结构看来也是一种历史的衍生次序，虽然并不是所有的文明形态都能比较完善地达到这全部的三种。在近代之前，人类文明也并没有在全球连为紧密互动的一体，但我们还是可以从整个人类历史的角度观察。

自人猿揖别的人类历史迄今有300万到250万年，而人类文明的历史只有一万来年。

开始的发展总是缓慢的。进入文明之前的各个原始人群虽然也有一些洞壁画、小雕刻等艺术的闪现，但主要的问题还是要如何生存下来，他们为了搞到东西吃，必须全力以赴，全员出动。

人类走向文明不能缺火。火给原始人带来了温暖和光明，带来了熟食，从而促进了人的大脑发育和意识成长。而最早的文明不能缺水。文明自农业始。人类从以采集狩猎为主转到以种植畜牧为主获取食物和能量，而人需要喝水，畜养的动物需要水，种植更需要大量的水。最早的人类四大文明都是不约而同地分别从大河流域发展起来的：西亚幼发拉底河与底格里斯河的两河流域的巴比伦文明，尼罗河流域的埃及文明，印度河与恒河流域的印度文明，以及黄河长江流域的中华文明。

而人类又花了一万年文明史的差不多一半时间来各自夯实自己的物质基础。

当人口和财富密集化积累到一定程度，就使政治秩序的产生成为必要，而剩余产品的丰富和积累让一些人能够腾出时间来专门“劳心”，也使政治秩序的发明和治理成为可能。

到了公元前3500年至公元前3000年，在西亚两河流域的美索不达米亚，苏美尔人创造了最早的、有大量泥版文字印证的城邦国家。后来又有埃及王国的建立。中国在传说中的五帝时代也在走向国家，而到三代时期国家的形态已经趋于完整。

到了公元前500年前后，在几个主要文明中，又出现了如雅斯贝尔斯所说的“轴心时代”的富有创造性和长久影响力的精神文明：这包括两个主要是宗教性的精神文明（西方的犹太教和东方的佛教）和两个主要是人文性质的文明（西方希腊城邦的思想文化和中国先秦以儒家为最突出的诸子百家）。

以上的物质文明的成果今天大都被消耗了、遮盖了，其粗放的技术也远远地被抛到了后面。政治文明制度的基本因素虽然保留下来了，但任何一个曾经烜赫一时的王朝、国家、帝国也都化作烟云了，只有这几大精神文明对后世产生了巨大和深远的影响，分出了不同的文明源流。

希伯来先知开启了一种一神论的宗教信仰传统，在后来的两千多年里，这种信仰传统不仅维系了一个民族在多次亡国甚至可能亡族的危机中的延续，直到今天，还能够保持自己的民族生存下来，甚至重新建立一个国家。但更重要的是它对后来的基督教、伊斯兰教所产生的影响，不仅从经典语义上，也从思想精神上给了后来的基督教乃至伊斯兰教以重要的资源。佛教虽然在印度后来的历史发展中受到了限制，但它在世界上——包括对中国——产生了广泛的影响。希腊城邦的思想文化在罗马、拜占庭时期继续传承，到近代又重新复兴，参与塑造了现代的西方文化。而中华的精神文明也不仅一直持续不断地在中国的土地上延续和发展，也影响到了朝鲜、越南和日本。

在物质文明开始的阶段，各个文明之间的差异看来并不是很大的，初始政治文明的许多要素看来也是共同的。各个文明的差异大致从精神文明出现的阶段开始出现较大的分岔，是不同的信仰和价值观在引领不同的文明向不同的方向发展。这不仅是指精神文明的差异，还指因为精神价值取向的不同，最后也使物质生产与政治制度出现了很不一样的面貌。

所谓系统的精神文明出现之前的“不约而同”或者说“相隔而同”，这些相同或相近有空间和地理上的，比如说都靠近河流。也有心理上的，比如说那时的人们心中都有神灵，这是传承自文明之前的原始人的。心中有“神灵”的人处处感到自己的限度，产生某种敬惧，感觉有无数有别于人与超越于人的存在，知道自己的知识和能力是很有限的。还有发展时间上的“不约而同”，这也许反映了某种文明自然生长的节律。

所谓系统的精神文明出现之后的“有约而异”，这首先是指各大文明的精神创造有着自己的特性，或从崇拜多神走向信仰一神；或从更相信神灵走向更偏重人文——但无论古代希腊罗马还是古代中国，都还保留了神灵，或至少为世俗的、被统治的多数保留了神灵。其次，这种在精神上的发明创造，也和一部分人群有了一种稳定的精神上的联系和契约。这种契约是一种内部的契约。这些人不再是血缘、物质和政治上的联系和聚合了，还有了一种精神上的聚合。这就使各个文明随后的发展呈现出相当不同的特征，有了不同的方向。当然，这种精神上的影响并不是即刻起作用的，而往往是要经过漫长的时光，但一旦确立，就能起长久的根本作用。

我们的确得承认，精神文化需要有它的物质基础。从时间或演进的角度而非从空间和地域的角度定义文明的类型也主要是通过物质的文明。从物质的、可见的形态看，人类文明主要是两大类型：农业文明与工业文明。农业文明还能容纳过去的群体采集和狩猎。在农业文明时代，也还有亚类型的游牧文明、海洋文明等，它们构成一种流动性，但在规模和性质上无法与农业文明对等。而在工业文明中，今天也许还可以分出一个高科技文明的阶段。工业文明将过去的物质形态文明清理得相当彻底，不仅像群体的采集狩猎、游牧文明几乎不再存在，农业文明也被工业化和高科技化，并置于一个相对不重要的位置。

但另一方面，无论哪一种文明，它们开始也都是紧密地与“神灵”联系在一起的，没有“神灵”，也不会有文明的诞生。即便是原始的宗教也是精神性的，在没有分化出人文的时候，只有它在传承似乎粗陋的精神。而在分化之后，它也还长期是最重要的精神文化。文明渐渐将“神”与“灵”分开，又将“唯一的神”与“众多的神”分开。近代以来，最初心中视外界为“万物有灵”的人渐渐演变成了今天自视的“万物灵长”。

我这里想推荐一个曾经帮助我自己记忆时间和节律的简要线索：“一半的一半的一半。”即从现在上溯，也就是一万余年之前，人类进入了一个“物质文明”的阶段，也就是在几个大河的流域各自进入了农业文明。而这一万年的一半，即在五千余年前，人类则开始进入了一个“政治文明”的阶段，在一些农业文明发达的地区，开始建立了政治秩序，出现了国家。再一半，在两千五百年前左右，一些地区则又进入了“精神文明”的阶段，也就是雅斯贝尔斯所说的人类的“轴心时代”。

最后的一个“一半”则和中国有关，也就是再过1250年，就是中国的盛唐，即公元750年前后，中国的国家实力和社会富裕程度达到了一个巅峰。但就在几年之后，中国就发生了“安史之乱”的大灾难，多少年根本不知战争为何物的老百姓像“两脚羊”一样被残酷地杀戮，死了3000多万人，这或许可以说明：即便在冷兵器和相对于今天高科技的“低科技”时代，文明也是脆弱的。当然，在农业文明时代，文明不可能被完全摧毁。

中华文明在农业的兴起和国家的形成方面或许不是最先，可能要比其他文明出现大规模的农业和国家稍稍晚一些，但在精神文明方面，则在孔子之前就已有滥觞，我把它叫作“周文”。它发源于西周代商之际，如文王演绎八卦为六十四卦，周公对政治的反复诫命，尤其是周礼的形成和完善，已经为儒家和其他派系的人文思想开了先河。

这里也许需要说明一点，在对尧舜夏商的文献记录方面，是经过了周人对古代传说的整理的，其中刻下了周人人文思想的诸多印迹。在五帝直到殷商的真实历史中，宗教对政治的影响大概会比我们今天看到的《尚书》更为强烈。原始人时时刻刻能够感受到神灵，农业文明中的人时时刻刻都能感受到“天”的限制。诸种文明中的“最初之人”很难设想在自己的信念中没有一种神灵的秩序就能建立一种政治社会的秩序。

中华文明是一种将农业文明发展到极高水平，也将其物质文明基础上的精神文化发展到极其精致的一种文明。从制度理念上用王国维概括的西周肇始的道德制度之“尊尊、亲亲、贤贤”来说明就是：“尊尊”是对一种等级差序的尊重，以维系天下的稳定；“亲亲”是对一种自然血缘关系的亲近，以保障社会的和谐；“贤贤”则是对德性和才能的奖掖，以刺激社会的活力。

近代以前，除了地中海世界有几大文明之间的较密切接触和交融，其他文明是在相对独立的状态中发展。自近代以降，人类文明终于通过地理大发现和全球化合在一起了。如此就有了文明的密切交流，但也有了文明的激烈冲突。但无论如何，现代人类文明还是可以看到一种主流的存在，甚至在不同社会的价值观念方面也开始有了一种“趋同”，比如平等主义与物质主义的价值取向。

这是在西方率先开始的潮流。西方曾经吸收了希腊罗马人文理性和犹太教基督教的两种传统，以其追求彻底的性格把握到两个极端，一度宗教精神君临一切，但在近代，关注的重心则是转向人间社会和控物能力了。17世纪初，培根曾感叹此前两千年人们没有太关注物质方面的求知，他预告了时代朝向物质科学的新潮流和新方向。仅仅过去了四百来年，我们就看到人类在科技方面取得了多么巨大的成果，还有科技参与推动的经济方面的巨大成就。工业文明将人类带进了一个以此前难以想象的速度变化，并彻底改造了社会生活的新时代。

迅速消失或正在消失的农业文明自有其意义。它更接近大地，接近自然。它没有对物质生活要不断提高的渴求和焦虑，没有对技术日新月异的惊喜，没有经济崛起的奇迹，但也常常是不愁温饱，丰衣足食，人除了关注物质的生活，也会关注其他的东西，关注一些可能更符合人的身份的生活方面，比如家庭的亲情、邻里的关照、手工技艺的精湛、商业口碑带来的满足、艺术的欣赏和创造等。即便在农业社会，在中国也还是有精美的物品，亭台楼阁，诸子百家，唐诗宋词，也有市井的繁荣、小康甚至非常精致的生活。在西方也有美妙的音乐、壁画和巍峨的大教堂。农业文明节制了人们的物欲，让社会保持了一种精神性，也为人类的生存保持了一种长久之道。

二　中国哲学的相关思考

传统中国哲学是基于农业文明和农业生活方式的。孟子的“为民制产”曾描绘了一幅生活图景。士人们多来自乡土，也回到乡土。下面我想就中华精神文明的诞生时刻即春秋战国期间，选择几位儒、道两家的代表人物，谈谈他们与人工智能的相关思考，也分析他们之间的一些差异。这种思考主要是围绕天人关系、心身关系展开。

“天”在中国哲人那里有两解：一是冥冥中的超越之“天”；二是自然之天，指整个自然界。这两者又是常常联系在一起的。人文主义的儒家，也包括道家不敢说知晓那超越之“天”究竟是什么，中华文化并没有发展出一个独立的、明晰的宗教体系，但这“天”是存在的，敬畏是存在的，它以“天意”“天命”“天道”在发挥着作用。而无论哪一种“天”，都构成对人的作为的限制。人不是有无限的可能性、无限的可完善性。人类的历史、文明也不是有无限的可能性。人面前不是有无数的道路可以选择，甚至有时只有两条路可以选择。人要自知其有限。最好是顺应自然，仿效自然，不破坏事物的自然过程。道家甚至希望尽可能地回归自然，融入自然。

儒、道两家都讲顺天，顺应自然，但道家，尤其是庄子还反对人伦教化乃至政治秩序。在天道方面，道家也主要取自然的收敛之道，甚至从源头上就收敛。儒家还取自然的生长之道，也讲究人伦教化，但这种人类也是“自然的”人伦——儒家最重视的是基于人伦血缘的亲亲关系。总之是尊重自然，没有征服自然的打算。“天人合一”即便说目的是在顺天为人，途径也还是顺天敬天。这和现代高科技试图改变甚至颠覆事物的自然进程完全不同。

农业文明肇始的时代，人们使用的工具相当简单，常常只是身体器官的自然的、可见的延长。即便后来有许多发展，人类对自然的改变也还是有限，虽然农业和畜牧不再是采集和狩猎现成的自然物了，各种被种植的植物和畜养的动物的属性慢慢也会发生变异，人类从自身的利益出发对它们“择优而存”，但这种变化没怎么改变事物的自然进程。

除了外物，中国先贤也常常体知存在于自身的“物”——肉身。中国哲学是一种强调身体及其感受性的哲学。但它并不是要去努力满足身体的各种感官欲望，而毋宁说是要认识到人因其身体的感受性而带来的脆弱性和有限性，从而追求能符合人之为人的生活。作为碳基生物，人的身体有两方面的意义：一是有肉身就需要物质的营养，就会产生各种欲望，除了基本的“食色”，还有更高的“权钱名”等；二是有了这种有限性，人才会渴望无限，也使基于这种有限性的德性和艺术美焕发出特别的光辉。

我们就以儒家最看重的一种德性——“孝”——为例。人为什么要孝敬？从身体的角度看，一是我们和我们的父母，我们的祖先有一种身体或者说血缘上的联系，“身体发肤，受之父母，不敢毁伤”。二是人刚生下来并不能够独立生存，需要父母的抚养。孔子说三年守丧，因为父母至少要含辛茹苦哺育儿女三年，儿女才能“免于父母之怀”，稍稍生活自理，且不说后面还有漫长的抚养时间和教育时间。所以，他对弟子说，如果你连三年丧都不守，你觉得安心，就这样去做吧，我无法安心。三是人都要老的，老人也会衰弱，进入自己难以护理自己的年龄，必须“有养”，需要儿女的照顾。而且他们可能不久就告别人世，父母年高，“一则一喜，一则以惧”。人都是会死的，不要等到“亲不在”，不能孝敬奉养才意识到这一点而后悔莫及。“慎终追远”，这种孝敬既是一种属于人的精神性的感情，如孔子所说，“至于犬马，皆能有养；不敬，何以别乎？”但又是基于身体感受性的。

儒家对人的有限性，以及多数的有限性是有充分认识的，人要受到自然的限制，受到“天命”的限制，这许多是来自对人的自然本性的认识，这种认识本身又是通过身体对外物的感觉和对原则的直觉，也就是通过“体知”或者说“体悟”来获得的。

人的感受性也就是脆弱性，这种感受性一是不能直接承受打击，小的打击让人疼痛残损，大的打击让人死亡。二是人身必须不断地提供营养才能生存。而人最后也逃脱不了死亡。换言之，这种身体的感受性也是一种脆弱性，但正是这种脆弱性催生了政治秩序，催化了德性和艺术。这种脆弱性也帮助人们意识到自己的有限性。文明就建立在这种脆弱性的基础上，人类文明本身不管看起来多么强大，多么了不起，它实际上还是脆弱的。我们可以考虑特别短暂和有限的东西如何与特别长远和无限的东西联系在一起，特别是肉身的东西如何与特别精神的东西联系在一起。正是因为人的脆弱和有限性，人们才努力在家族的繁衍、艺术和宗教的创造中去追求永恒和无限。

道家也强调人有身和有身的局限性。老子说：“人之大患在有身。”有身就会有欲望，而欲望不断增长，就会带来一系列问题，再多的东西可能也难填人的欲壑，所以，不如从开端处就加以遏制，鲁迅曾经说：“老子书五千语，要在不撄人心。”老子希望不刺激人们的欲望，甚至让人感觉不到自己的身体，恍若“无身”，“吾所以有大患者，为吾有身，及吾无身，吾有何患？”使民含德如“赤子”，小国寡民，老死不相往来，绝学弃知。庄子也说，“吾生也有涯，而知也无涯，以有涯追无涯”，筋疲力尽也难达目的，不如从一开始就不去追求，恍若“无我”。道家采取了一种看来比儒家更彻底的节制物欲的办法，当然，这种办法看来也将遏制文明的发展。但是，具有这种身体及其有限性的根本性意识，却不无一种由“知始”而“知止”的意味。

道家是想从源头上防范后果，老子还不废弃政治文明，但希望回到“小国寡民”的状态中去，庄子则试图回到原始人那里去，使民“同与禽兽居，族与万物并”。当然，这里还是有多数和少数的分别：儒家讲圣人与众人、君子与小人的分别，但两者并不从出身上固定，而是保持一种上下的流动性。道家希望多数人回到人的懵懂状态、婴儿状态，甚至动物状态。但其实又有极少数人——或是政治统治者，或是文化精英——又不是懵懂的，而是有意为之，背负某种精神的重负（老子）或者说获得精神的自由（庄子）。道家看来也并不是让所有人都等同或接近于无知无识的自然物，在老子那里，统治者还是要背负判断和治理的负担；在庄子那里，除了绝大多数浑然于其他动物的人，也还有极少数通达甚至拥有某种超自然能力的真人、至人。

儒、道两家思想的关注中心都不是人类社会不断的繁荣之道、富强之道，而主要是考虑其长久之道。或者说，儒家更多的是考虑文明存续的长久之道，道家主要是考虑人类存续的长久之道，他们担心“物壮则老”。儒家是现实的，知道文明不可能倒转，文明也有文明的意义。道家是回溯的，但在精神状态上也向往一种自由逍遥的真人。儒家更重视人际关系，道家更重视人与物的关系。儒家文化中并没有多少解决今天人工智能和其他高科技可能带来的危险的现成答案，它一直关注的是人际关系和人类社会。倒是先秦道家在这方面想得较多，身处乱世，他们看到了精英对强力的崇拜，以及这后面更广泛的人们对物质的欲望。他们不是像儒家那样更关注对强力的驯化，而是关注更为根本的东西，即对物质欲望的源头控制。道家对物欲有更多的压抑，或者说是从一开始就压抑——最好不产生这种物欲，不提供容易产生这种物欲的条件和环境。但两家都相当充分地认识到人的有限性，尤其是社会的有限性、多数的有限性。他们还希望在没有上帝的情况下达到少数个人的完善——前者是成为圣人，后者是成为至人。

中国传统的人文理性是伟大的，传统的智慧谆谆告诫我们不要随意改变事物的自然进程，不要放任物欲。或许人们可以批评说，仅仅人文理性可能是不够的，仅仅认识到自然之“天”的限制是不够的，还要有神圣之“天”，在儒家那里也并不是没有这层含义，先人也有这种传统，但还是稀薄的一层，不是对一种超越性存在的明确认知。而这种对超越性存在的肯认也是有不同形式的。人们可能依旧不能确知这一超越性的存在究竟为何，但应该相信它一定是存在的，并努力寻找。对于超越于人的无限和永恒的寻找就意味着我们对自身的有限性有了认识。反之亦然，因为我们知道了自己的有限，才有了对无限的渴望和追求。

三　人工智能与人类未来

从其起因来说，轴心时代产生的主要思想都是“忧思”。佛教的产生是因为释迦牟尼看见人的生老病死所产生的忧思；希腊思想是苏格拉底、柏拉图等哲人看见雅典衰落产生的忧思；犹太先知的思想是看见犹太人颠沛流离产生的忧思；中国也不例外，春秋末年到战国所产生的那些最有力的思想也是我们的先人看见礼崩乐坏、战乱频繁所产生的忧思。但对如何化解这种忧思，解决所面对的问题却有了不同的路径。而它们的另外一个共同的特点是：它们都不是以满足人的欲望，尤其不是以满足人的物欲为目的的。从影响与结果来说，轴心时代的各种精神文明产生之后，也都是让各大文明此后两千年社会的主导关注还是在精神，而不是在物质，是在人的精神自控和超越能力，而不是在人的控物能力。

中国古代的士人将“先天下之忧而忧”看作自己的使命。今天我们看一些现代人的忧虑或可分作三个阶段。第一阶段是对人类精神文化衰落的忧虑，这是在近代以来就开始了的。现代人越来越多地关注物质层面生活的改善，人们的精神生活是否将往下走而不是向上走？第二阶段是对人类文明的忧虑，这在20世纪也开始表现得比较充分了，尤其是经过两次世界大战，出现了核武器等大规模杀人武器之后，新的世界大战是否将把人类“打回石器时代”，人类近万年积累的文明成果是否还能够延续？第三阶段则是在人工智能、基因工程等高科技出现之后，对人类这一物种可能将被取代，是否还能存续的忧虑。而人类是否存续，文明是否存续，是否又将取决于人类能否重建一种精神秩序，包括重建人类与一种超越性存在的精神联系或契约？

我们还是回到对人的理解和定义，人是什么？人能何为？在直接讲到人性的时候，孔子只是简单地说到了：“性相近，习相远。”“性相近”则意味着人有一些共同或接近的本性，即便具体落实到各人身上有些本性的差异，也不影响还是能够概括出一些相同的因素。但后来不同人的作为，不同人的后天习性，不同人的最后“盖棺论定”，以及由此带来的不同地方——尤其是不同政治社会的风习却可能是相差甚远的，这有不同社会的制度、组织和文化的作用和影响。一方面要看到环境影响的重要，但另一方面，也要看到之所以存在善恶差异，还是在人的本性中一开始也就有了善端和恶端，这两端的差距在“人之初”那里是不明显的，但如果没有两个始源，也就难以解释后来的善恶分流。

后来的儒家，即便是大力主张人性本善的孟子，我们也能注意到他是在“善端”的意义上谈人性本善，他所采用的“孺子将入于井”的例子是很基本、很低调的例证，而且，他强调人与其他动物的区别其实是“几希”，就那么一点点，“君子存之，庶人去之”，他强调人是多么容易放逸，丢失本来的善心，所以人要非常努力地求其“放心”，努力去成为一个“君子”。

在此是说明什么呢？说明儒家虽然意识到人有普遍的善端，但也意识到人存在一些基本的限制，人的道德能力不可能普遍上升得很高，甚至只有较少的人能够比较充分地摆脱物欲，如此也就不能指望人性自身能够被改造和提高到接近于天使乃至上帝，不能指望所有人都能够极大地提升自己的自控能力。如此，人如果极大地提升自己的控物能力就可能成为问题。

我们再回到人的定义。历史上对“人”的定义或是侧重身体及其控物能力，或是侧重精神创造与超越能力。且常常是侧重于人与动物之别，前者比如说“人是直立的、脑量发达、两足无毛的动物”“人是能够制造工具的动物”等；后者如“人是有意识、有精神、有自我的动物”或者“人是有价值观和正义感的动物”等。我们还可以再仔细分析一下这些定义。

当我们从人与其他动物相区别的本性的角度说到“何以为人”的时候，大概可以包含以下四个方面的内容。

第一，人是能够制造和运用工具的动物。人有理性，会计算，有逻辑和抽象能力，能够自我学习，计划自己的行动，有明确的目的和手段的意识，能够利用一切可能的工具，它意味着人的控物能力。这类似于帕斯卡尔所说的“几何学精神”，或者说类似于今天我们所说的“计算理性”“工具理性”“技术理性”。

第二，人还有工具理性之外的精神能力和意识，这就像帕斯卡尔所说的“敏感性精神”，人还有默会的知识，情感、意志、直觉和信仰等。它意味着人的自控和超越能力，也包括一种精细的、基于身体感觉的控物能力。另外，人还有直觉，这种直觉不是对外物的知觉，而是对一些抽象原则和知识的直接知觉。人还有道德感、正义感，这种感觉也不仅是为自己所生发，而是来自对他人和社会受到的不公平的反应。“人是道德的动物”，这并不是说人就是天生合乎道德的动物，而是说他是能够在善恶正邪这些问题上敏感、有反应的动物，是能够在这方面进行自我评价和对他人评价的动物。人在有些感知和身体能力方面并不如某些动物（如飞行潜水、速度力量等），甚至比他自己原先都退化了。但人有理性、精神和道德感，就能够建构社会政治秩序，发展出物质文明和精神文化。当然，人在这方面的发展也不是无限可完善的。

第三，人还有一种综合性的自我意识、主体意识。他能够将人的各种理性、非理性能力和意识综合在一起，形成自己毕生的计划和连贯的行动，确立自己的人格。

以往的定义主要都是将人和其他动物比较，但如果和新出现的智能机器比较，则看来还要加上一条。

第四，人是一种碳基生物。过去诸如“人是两足无毛的动物”“人是直立的动物”“人是脑量较大的动物”等，虽然是着眼于人禽之别来下定义，但也都是从身体方面来定义人。

动物仅仅在这第四条方面与人相似，动物虽然在身体方面与人也有重大差异，但人类和其他动物一样，也都是碳基生物，都有感觉，都需要不断补充物质的营养，都经受不起外力的重击。它们的身体及其特征也都是千百万年自然演化的产物。

智能机器则仅仅在第一条方面与人相似。即拥有高超的计算理性、工具理性，能够自我学习，深度学习，而在这方面，它的控物能力未来还可能超越人。但是，它目前还没有工具理性之外的意识和能力，没有综合的自我意识，也没有碳基生物的身体。

那么，未来的智能机器会不会获得另外的第二种甚至第三种能力，或者说人类会不会推动这一过程，比方说试图让智能机器变成一种结合第一条和第二条的“类人智能”，但第二条和第四条密切相关，智能机器大概能够做到像人的人造面容、人造皮肤，甚至模仿人的神经网络，但不可能且无须有与人类一样、与动物一样的碳基身体。这身体也正是人的脆弱点，虽然人类的第二种特性或者说人类更高或更特别的精神意识能力正是基于这些弱点，还有一些像“庖丁解牛”那样的需要身体感觉的手工技艺也是基于此，但智能机器要发展它的控物能力，看来也可以不太需要这类技艺。目前的对机器改进的方向的确也只是想提高它们的智能，而不是想让它们产生一种爱的能力、追求美的能力、信仰的能力，且看来也几乎无法做到这一点，因为这和漫长的自然演化产生出来的身体以及人心中不知缘何产生出来的灵性有关。而且，在人类目前还能控制和掌握智能机器的前提下，在人类完全能够轻易地自然生殖人类的情况下，从人类的利用厚生的角度看，人类也没有这种让机器在身体上完全变成人的需求，且不说有没有可能。

从人的角度看，结合第一条和第二条的更可能的是另外一条路径，就是在人的身体内不断地植入硅基体：人造肢体、人造心脏等，就像库兹韦尔所希望的，乃至最后也获得和机器一样的（可以不断更新器官意义上的）长生不老，即一种硅基“身体”，但如果这条路能走得通，也就意味着人的物化，人的硅基化了，人类也将失去前面所说的那种基于碳基身体、基于人的有限性和中间性的精神特征和创造。

至于人是否要给智能机器植入人的价值观的问题，可能首先要问，人类现在的主流价值观是什么呢？我们可以重温庄子那段著名的话——那位不愿使用杠杆的为圃者说：“有机械者必有机事，有机事者必有机心。”今天的“机事”是大大的发展了，那么，人类的心灵是否也变成“机心”了呢？何谓“机心”？大概也就是便利之心，利用之心，控物之心。

这种“机心”既是“机事”发展的动机，又是“机事”发展的结果。它们互相强化。现代人当然希望机器能够尽可能地方便人类，为人类造福，前提是机器能够置于人类的控制之下。但如果机器一旦获得自我意识，按照同样的逻辑，它不是也可以甚至应该利用和控制人类吗?

那么，问题就变成了，人们其实是想把一种无论人类自己追求什么，机器都应该对人友好，忠心耿耿地为人类服务，绝不伤害人类的价值观输入机器。虽然可以说这是自私的，是一种“主人—工具”甚至“主奴”的价值观，但也是能够理解的。但这种价值观的输入且不说其可能性，它总是要冒这样的风险：即如果机器真能获得一种价值观，它也就可能获得了一种自我意识。这时，价值观的实际指向的结果逆转只需要一个主体的转换。

的确，如韦伯所说，经济和物质是基础，但精神信念或者说价值观是主导。物质或者说经济、科技是文明进化的基础，但价值观却决定文明进化的方向。现在的问题是：物质文明是人类文明的初始，但物质文明越过某个顶峰会不会也是人类文明的终结?世界会不会进入一个“后人类的时代”，今天的人类会不会成为“最后的人”?我们人类这样一种造物，是否也让自身处在一个新的物种的“造物主”的地位，从而开创这一新物种的“创世记”？像超级智能机器是否将把人类推到物质文明的顶点，但又将他们抛入深渊？

物质是基础。文明是自物质始，但会不会也将自物质终？人类的文明从物质文明的奠基开始，会不会也以冲上物质文明的顶峰而结束？一般来说，人首先要吃饱饭，有余暇，也有对生命和财产的基本保障，然后才能从事语言文字和思想精神的创造。人类文明从物质开始，从农业开始。无论什么时候，物质的生活和身体的生存都是最基本、最优先的需要满足的条件或者说目的，但今天的文明将物质生活和控物能力这最基本的目的变成主要的甚至最高的目的。人类文明会不会也将在这种对物质不断增长的欲望以及均富的追求中结束自己？

的确，现在也还不是物质文明的顶点，但人类似乎不可遏制地想要更高、更多，想要冲向更高的顶点，然而，人性并不可能有根本的改变，人的道德能力并不会随着他的控物能力大幅地提高，于是，在人类的控物能力和自制能力之间就将越来越悬殊，越来越不相称，从而带来一种危机四伏的局面。科技发明了大规模杀人武器，除了核武器，还有更为隐蔽的储存着的，或者可以随时生产出来的化学武器和生物武器。而基因工程、编辑婴儿、人工智能等也随时可能给人类带来危险。但科技促成的经济的极大发展和物质生活的充裕和舒适，则让人不仅感觉不到危险，而且在这种物质生活中自得其乐。科技的发展也极大地提高了人们的自信。在一种自得自乐和自信自满中，人们将很难认识到自己的有限性，很难会去渴望一种标示出人的有限性的超越性存在。人生于忧患，死于安乐。而未来的人类会不会以一种“安乐死”的形式结束自己的行程？

或许人们会斥责这些忧虑过于悲观，其实悲观到某一极致之后也就达观了，这就是中国古代先贤所说的“尽人事，听天命”。而且，人总是还可以有另外一种日常生活中的有用达观：活着，不多想，好好度过每一天。

当然，人总是有选择的意志的。假如说一个人的一生有两种选择：一是快速与短暂的辉煌；二是慢速与长久的平淡。人们会选择哪一种人生？可能会有一些人宁愿选择短暂的轰轰烈烈，也不愿平淡地度过长寿的一生。但选择后一种人生的会不会更多？问题是人类的选择与个人的选择还不一样，在人类中，只要有一些关键的少数做出了选择，大部分人可能就不得不跟着走了。

人在近代以来控物能力的发展足够卓越，成就足够伟大。但从总体看，人类精神文化的衰落大概已是事实，或者目前看似乎已成定局，作为一个物种的人类未来的命运则尚不知晓。高科技或许剥夺了一些这样的机会——通过不是太大的灾难让人类改弦易辙。但我们是不是还可以有一些温和的期望，即我们也许可以有意识地推动一些高科技帮助我们部分地回到大地，回到对自然的清新感觉，恢复对劳动的美好感受，促进工匠工艺的发展，促进默会的知识？

与人类的几百万年历史都是处在前文明的时期相比，人只有一万余年的文明史。一万年久吗？从个人生命来看是极长久的；对一个物种来说，则是太短暂了。而这一万来年的文明史又有大约 9500 年是处在农业文明时期，只有最近的 500 年是处在走向工业文明和高科技文明的时期。不像生活在一个社会动荡乃至战争动乱的时代的人们，生活在一个经济和科技快速发展的时代的人们还是幸福的，甚至是常常感到惊喜的。即便对此感觉不那么良好的人，也还是有一种认识这种巨变的幸运，但是，他不免要忧虑那些后面世代的人们：后人会为这种前人的幸运付出沉重的代价吗？

正是基于上述种种考虑，我们也许需要回到最初创造精神文明的人们，回到最初那些系统地对人进行反省和思考的人们，来重新思考人的本性和命运，即为了避免单一方向的线性人为进步的终点而回到起点，除了思考人类的繁荣富强之道，也思考人类及其文明的长久存续之道。

人工智能与底线思维

一

关于我对人工智能的主要观点，多包含在近几年发表于《探索与争鸣》等刊物的系列文章之中。现在我想阐述一下我在研究人工智能问题上所秉持的一种基本方法或者说思维取向，即底线思维的方法和取向。

在一般意义上，“底线思维”或可说是一种优先考虑到最坏情况、防止和化解最坏情况出现的思维。而在道德层面，“底线思维”也可以说是从防止出现最坏情况的思考开始，从伦理的角度而言，“底线”的进一步含义是防止社会不致崩溃的底线，是作为社会成员的人们必须遵守的最起码和最基本的道德规范，也就是底线伦理。[①]

① 有关这方面的详细论述参见何怀宏《底线伦理》，辽宁人民出版社1998年版；何怀宏《良心论：传统良知的社会转化》（修订版），北京大学出版社2017年版。

所以，从道德底线的角度看，社会伦理应当主要考虑如何使人们普遍地成为守规则的人、有原则的人，而不是都成为英雄圣贤。虽然，在遵守规则的基础上，人们还可以继续努力。

多年来，我一直倡导并重点强调底线伦理，借用流行的一句话说就是，“规则比道德更重要”。但这句话里的“道德”恰恰反映出即便是赞成底线伦理的人，对伦理道德的概念也还有一种因袭的误解，就是将“道德”理解为高尚乃至完美、至善的价值标准。所以，“规则比道德更重要”说法的更恰当的含义应该是，普遍遵守规则比要求人们高尚无私更重要。

但是，在现代社会的伦理规范中，规则其实就是道德，是道德的主要内容。而且，我强调的规则还不仅仅是指在公共生活中，诸如是否不要有占座行为这样的规则，而是关乎人类的生存、安全和基本权利的规则。

不同领域的学者无论有意识还是无意识都在坚持和主张底线思维。例如，一位社会学家谈到“生存的底线”，这正是在最基本的层次上坚持的底线；有一位历史学家谈到“共同的底线”，他是在强调和寻求一种基本的共识；还有一位哲学家似乎不完全赞同底线伦理的理论观点，但他主张一种“说理”的态度，而这恰恰是底线伦理所主张的。为什么要说出理由而不是动刀枪？为什么要说服而不是压服？这正是基于底线伦理的理由，因为底线伦理正是坚决反对暴力强制的。

对人工智能的思考也是如此。我基本上是秉持一种“底线思维”，也就是说首先在底线（这首先是生存）的层次上，考虑防止最坏的情况发生。然后，再考虑去争取最好，或者毋宁说是最不坏的一种情况。我对“最好”的理解可能和许多人不同，也就是指“还不坏”。其次，这一底线也是指基本的道德乃至法律的约束和规范，这是保存生命的最基本的原则。主要考虑的是如何确立人对机器伦理的规则，而不是考虑如何培养机器具有高尚的价值观。

而且，人工智能的最坏情况很可能恰恰发生在人们认为最好或者说要求最好的时候，也就是说发生在这种智能变成通用的、超过了人类智能的超级智能时的临界点。过了这个临界点或者说奇点，世界上最聪明的存在就不是人类了，而是人类现在尚且不知、以后依然不知其究竟的某种超级智能存在。

那个时候的超级智能不是上帝，却堪比上帝，甚至胜似上帝，因为上帝不直接干预人类社会。但超级智能却是由人而生，而且会反客为主。所以，这种通用的超级智能的出现，将是人工智能带来的最大问题，比起所谓的“算法歧视”，甚至失业、“无用阶层”来说，这是最大的挑战，也是最大的危险。

二

谈到底线思维，是和高调理论相对而言，即对人工智能抱有一种很高的期待。有些人认为，智能机器将给人类带来极大的福祉和享乐，乃至带来“长生不老”以至于“永生”的可能。[①] 甚至还有一些富人，可能准备或者已经开始这种实践的尝试。

还有一种高调的认知是：一些人听说或者意识到人工智能可能带来危险，却依然执着地甚至有些盲目地认为，不管怎样，到时候人类还是能够有办法解决这些问题的，而且认为，这已经是被人类以往与机器打交道的经验所证明了的。人类可以依靠高智商加以应对，可以通过新的发明化解这些危险。

然而，人类现在面临的可能是一种全新的情况。以前遇

① ［以色列］尤瓦尔·赫拉利：《未来简史》，林俊宏译，中信出版社2017年版。

到的技术所带来的风险，比如，机器所带来的各种事故或者灾难，甚至包括环境污染和全球气候变暖等问题，或者因为机器本身不具备智能，或者发生的速度还比较慢，都容有一定的时间使人类能够运用高智商和技术手段加以应对。但现在面临的情况之新在于：超级智能是一种比人类更聪明的存在，是一种控物能力超过人类的真正的“超人”。这样，就像有的学者所指出的，超级人工智能将可能是人类“最后的发明”。[1]

还有一些科学家和哲学家认为，即便是面对这种超级智能，人类还可以预先培植和训练这种超级智能机器的价值观，比如说，可以考虑给这种机器人预先植入一种对人类友好的价值观。美国加州大学伯克利分校教授斯图尔特·拉塞尔（Stuart Russell）认为，制造出一种比自身物种更为聪明的机器并不一定是好事。他建议，为了防止机器人“接管”人类，人类必须制造出具有“无私心”的机器人。因此，在为机器人编程时，就应当将利他主义、谦虚谨慎的品质及其他一些

① ［美］詹姆斯·巴拉特：《我们最后的发明：人工智能与人类时代的终结》，闾佳译，电子工业出版社 2016 年版。

人类的正确价值观编写进去。[1]

颇有些讥讽意味的是，自私的人类为了自身的安全和福祉，想要设计出完全无私的机器人。而“无私心”或利他主义也并不完全是人类的价值观，至多是一部分或一个方面的价值观，这一方案的设想就是人性还有自私自利一面的证明，恰恰是为了满足人类的自私自利的欲望。虽然，的确也不能否定这种在生死问题上的人类中心主义，但此举能否取得成功令人怀疑。

还有人预感到智能机器的智商可能将超过人类的智商，却从社会理想的角度得出了一个相当不同的甚至可以说是欢欣鼓舞的结论。这一比较罕见的观点是清华大学的冯象教授提出的。他在《我是阿尔法》一书中提出，人工智能的科技与经济有可能帮助共产主义提前实现。等到将来机器比人聪明的时候，或者说人机融合之日，电脑要重塑人脑，“革命将始于先进的电脑对落后的人脑的教育和启迪”。他设想将出现一种全新的文明：人机关系和谐而融洽，其社会关系，人与人、人与机器、机器之间都由共同的“大公无私”的世界观、价值观维系。这也就是“人机大同”

---

① 牛金霞：《对斯图尔特·拉塞尔的采访》，《浙商》2016年第15期。

的社会。[①]

冯象教授似乎毫不担心人的机器化，或者说人的硅基生物化。他似乎是对现实社会中的人类失望，因为很难改造他们成为“全新的人”、完全“无私的人”。因而，现在的人类很难配得上未来无比美妙的社会。但现在出现了机器人，人类似乎可以将它们改造和塑造成“全新的人”，而且，它们也可以反过来将人类改造或塑造成“全新的人”。

我对此持深切怀疑的态度。怎么断定超级智能机器人能够继续听从人类呢？如果作为碳基生物的人都不存在了，人的社会理想还能存在吗？“对人类友好的价值观”和帮助人类实现最高社会理想的高度乐观的看法，遇到的最大的障碍在于硅基生物与碳基生物的根本区别。

即使超级智能也具有自我意识和价值观，可能它们还是不懂人类，人类也不懂它们。因为人类的意识和价值观是从自身肉身的感受性而来，而超级智能并没有肉身，没有这种感受性。

人类也不是太懂其他生物，不太懂鸟语花香，人类欣赏

---

① 冯象:《我是阿尔法》，中信出版社 2018 年版。

花朵的美丽和芬芳，但这些表征可能只是生物为了满足自身的生长和生命延续的需要。人类欣赏孔雀开屏的美丽，但孔雀开屏并不是为了愉悦人类，可能只是为了吸引雌性的同类，只是在和自己的同类交流，追求它们自身的“利益”。但人类毕竟和地球上的其他生物一样都是碳基生物，也都需要营养，所以，人类还是能够从同样具有的一些最基本的生命感知理解其他生物的一些生命感知。而机器则完全不一样，它们是一种完全异样的存在。

比如说，要培养恻隐和怜悯的感情，恻隐是道德的源头，人们看到其他人遭受身体的痛苦，因为有自己的身体，所以能深切地感受到这种痛苦。人们看到其他人遭受自然灾难，或者被人为地伤害甚至杀戮，就会产生提供援助的愿望，直至正义感油然而生。因为大家都是人，都有身体，能切身感受到这种苦痛。甚至在其他一些动物身上，比如看到同类受伤的大雁和大象等动物，也存在类似的情感，因为它们也是碳基生物。毕竟同为碳基生物，人类和其他生物是能够产生一些相通的感知的。

但是，“阿尔法”，或者说硅基生物，甚至说半硅基生物能够感受到这些痛苦吗？如果说它们即便没有这种感受，却还是具有类似于人的正义感和倾向于人的价值观，那么它们的正义感和无私心从何而来？这种正义感和无私心是不是无本之木、无源之水？它们作为硅基生物对人类不应该是麻木的吗？即便说它们能够听从人的指令，但人不是有私心的吗？而且，可以说不同的人追求的理想价值观念其实是会相当不同的。如果机器具备了超越人的智能，它们是不是更倾向于形成自身的自我意识甚至价值观？这种自我意识和价值观会和人类一样吗？它们是否会倾向于保证自身的特殊目标，甚至发展自身的特殊利益？

《我是阿尔法》的作者从社会理想的角度思考相关问题，可能对现实社会的人类、对真实生活中的人们感到失望，认为有太多的个人欲望，人不能够成为推动实现心目中的伟大崇高理想的主体力量，所以对智能机器寄予希望，认为它们有可能永不生锈，甚至成为永生的任劳任怨、无私奉献的“螺丝钉”式的人。但是，这个目标能够实现吗？人和机器能够互相改造甚至“融合”为一体吗？智能机器愿意“融合”吗？退一步而言，如果人机真的能够“融合”为一体，那么这一新的存在还能称为“人”吗？

《我是阿尔法》的作者正确地认识到资本的贪婪和人类不断增强的物质欲望带来的危险，他寄希望于国家权力，寄希望于全盘公有化。但他似乎没有意识到，执掌国家和公有财产的也是人，他们也有自己的欲望和利益，他们之间也有价值理念和利益的竞争。如果说不相信普通人，为什么能够那么信心满满地相信那些掌握极大权力的人能够没有私心杂念而“天下为公”呢？如果说智能机器落入了资本之手是可怕的，那么被权力掌控就不可怕吗？或者说，未来的权力和公有财产将不由少数人执掌，但这种权力共享和共有又是通过什么途径和手段实现的呢？或者在这一过程中，是否还是会由少数人主导？作者或许还可以进一步探讨这些问题，我们愿闻其详。

总之，在我看来，上述的一些高调方案都是靠不住的，面对一种比人类更聪明的存在时，更是如此。还不如预设一种机器，一旦达到甚或接近某个超越人类智能的临界点，就启动预设的自毁装置的程序或许更为可能。当然，人类也会因此付出代价，要做好到那个时候，人类会失去大部分的舒适与方便的心理准备。

更合理的一种思路是要提早预防，即我探讨过的规约和立法，使人工智能严格地只限于向小型化、专门化的方向发展，也就是不发展通用的超级人工智能。并且在此过程中，一直都严格地限制机器人使用暴力。

三

过去，人们一般认为核武器是人类最大的威胁，但未来可能不再完全如此了。我将核能和人工智能做两点比较：首先，核能在一开始就使人们感到危险，它不仅是以核武器爆炸的形式在世界亮相，即便后来和平利用核能也发生了使世人警醒的大事故。而人工智能却是一直使人们感到舒适和便利，人们对人工智能充满好奇的赞叹。人工智能看上去很驯服、很温和，完全“人畜无害”，却可能突然对人类发出致命的一击，而其他的动物、植物等生物可能同样难逃此劫。

其次，在核战争之后，人类还有可能劫后余生，即便打回石器时代，或者出现更糟糕的情况，也还可能有经过浩劫的人类存在，他们的继续生存虽然会很艰难，但他们毕竟有现代人的知识和记忆，甚至还有一定的设备和技术手段，他们还是很有可能努力生存，乃至缓慢地重建人类文明。

但是，如果出现了一种比人类更聪明、更有能力的存在，那么人类大概就失去了希望，人类将无处逃遁，即便人类有能力像埃隆·马斯克（Elon Musk）所设想的那样移民火星，超级智能只要愿意，可能也有能力将人抓回或者毁灭掉。面对远比人类聪明和能干的“超人”，人类将无可遁形，躲在几十米深的防核地堡中也没用，把自己冷冻起来也没有用。因为人工智能不是像核武器那样单纯的手段工具，它可以比人类更聪明，也具有自主性。所以，它不仅毁灭人，也取代人。也许到那个时候，人类个别的肉身会被作为样本或者养在动物园供观赏而不致被毁灭，但人类的文明进程将被中断和结束。

所以，要充分理解人工智能可能带来的危险，需要深入细致地从历史到理论辨析什么是人，什么是物，辨析人工智能和人的关系为什么不再能够被过去人类所处理的人和物的关系所包括。这是一种全新的人机关系，人类究竟应该如何对待，如何处理这一关系，过去的经验是不够用的。这种新的超级智能属于人而又非人，源自人又可能反叛人，它和人类的关系将会同时带有人物关系和人际关系的一些特点，它在未来很有可能成为一种人类难以知晓的存在。

人们可能会认为奇点来临的情况不会发生，但愿如此。但还是存在强大的动机和背景使这种情况有发生的可能，因为不难体察到人类强烈的物质欲望、商业利益、对名利的追逐和猎奇是奇点出现的根本动力。另外，还有人工智能本身发展的指数定理，以及其他同样迅速发展的科学技术，比如基因工程和纳米技术的结合，即所谓 GNA。对于超级智能的出现时间，有人预言在21世纪中期，有人预言在21世纪末。即便是在下一个世纪出现，大概也只有百十来年的时间。对一个人来说，一百年的时间很长，但对于人类社会而言，一百年不过是弹指一挥间。

现实的社会背景之一是，大多数人要求过一种物质财富充分涌流、越来越便利的生活的希望似乎是合情合理的，而少数人的好奇心和创新精神是人们目前所向往和赞美的。这导致人类的高科技能力的发展已经远远超过人类自身控制能力的发展，尤其是在人的道德意识和能力方面，因而可能失控的问题是难以避免的，人工智能只是其中一个最有可能且会带来最大危险的领域。

而且，和以前的文明危机意识有所不同，柏拉图痛感过雅典的衰落，奥古斯丁哀叹过罗马的陷落，中国的士大夫也说过“崖山之后再无中国”，但这些灾难都是在局部的文明中发生的。在过去，不仅一个固有的文明还可以再发新枝甚至再辟天地，不同的人类文明也可以此起彼伏。但如今，如果一旦发生大的灾难，就可能是全球性的和不可逆的。

未来会出现越来越多的来自技术和社会的挑战，可能将使人类不得不增强人类同属于一个命运共同体的意识。我对“人类命运共同体”中“命运”这一概念的理解主要是来自古希腊，更多地带有一种悲剧的色彩，当然也有与悲剧抗争的意识。人类要谨防犯下那些不可逆的、颠覆性的错误。

四

目前的关键还是人，是人类自身，主动权还掌握在人类的手中。

那么，如何防止最坏的结果出现呢？为此，我不再谈人工智能的技术和路径问题，而只谈主体问题。在防止最坏结果方面主要依靠哪些人？尤其是在开始阶段。有一个观点见于先秦好几个学派的著述之中，这在某种意义上可以看作中国古代先哲的一种共识，或者说是一种古老的智慧。这句话大致就是："民可与乐成（或安成），不可与虑始（或谋始）。"也就是说，在实行某些深谋远虑的举措时，在开始的时候，或者需要迅速做出某些决断的时候，可以说这些举措最终是为了大众或民众的利益，即便真的如此，但在当时并不一定能够得到大众或多数人的支持与关注。

我认为，在采取有关预防人工智能发生最坏情况、具有深谋远虑的决策和举措方面，目前能够依靠或诉诸的是"关键的少数"，而不一定是多数。为了多数人和全人类的福祉，需要"关键的少数"，"让一部分人先明白起来"。这个"关键的少数”至少应该包括四种人，即目前掌握科技、经济、政治和舆论资源的四种人。

第一种人是第一线的科研人员。他们是人工智能发展和取向的最直接和最重要的人，可以做什么，不可以做什么，首先是他们的选择。但他们的确也有局限，一方面，他们过于忙碌，很可能没有空暇思考一些涉及人类生存的根本问题。另一方面，这些研究人员有强烈的对知识的探究和创新精神，但与此同时，他们也有一定的希望“暴得大名”的功名心。

第二种人是研发公司的拥有者和管理者以及投资者，或者说是提供资金的人。他们的资金投向会决定人工智能发展的方向。但他们也有局限，那就是追求利益和利润的最大化。

第三种人是政治领导人。他们可以从法律和政策层面决定人工智能的发展，他们的确会考虑得比较全面，而且注重社会的稳定和安全。但他们也有局限，比如说，存在国际竞争与全人类利益的矛盾，狭隘的国家利益的考虑乃至个人的政治野心，有可能阻碍他们以关乎全人类福祉的公心对相关问题进行决策。

第四种人就是观念人，比如艺术家、人文与社会科学学者、媒体人等。他们的思想比较独立，最无障碍，百家争鸣，他们能影响前述的三种人，也能影响公众，凝聚民意。但他们的局限是离直接的实施领域和决策领导层较远。

总之，防止出现人工智能方面的灾难还是要靠人类自身的危机意识和采取行动，想让机器来实现人类的价值观是不靠谱的。如果问我是持一种悲观主义还是乐观主义的观点来看待人工智能的未来，那么或许可以回答说：人们首先应该考虑的是预防最坏结果的出现。但也许正是基于此，最后反而能得到最不坏的结果。

一种预防性的伦理与法律

——后果控制与动机遏制

近年来高科技的迅猛发展，正在使我们进入一个面临越来越多的难以预测后果的时代。石器时代，一个猎人能够准确地预测他投掷的结果；农业文明时代，一个农夫也不难预测他的收成。他们的所作所为一般也不改变事物的自然进程。但今天，在基因工程、人工智能、医疗技术等诸多领域，我们已经越来越难预测我们行为的长远与全面的结果，尤其是负面的后果。

后果不可预测，但还是可以有所预防。这就需要某种前瞻，需要加大防范力度。从理念上来说，基于这种情况，我们可能需要概括性地提出一种旨在控制不可预测的后果的、预防性的伦理与法律。

一个完整的行为过程是由行为动机、行为本身、行为后果三者构成的。过去，行为的本身与后果都是比较清楚的，容易预测的。杀人就是杀人，欺诈就是欺诈，如果杀人的动机变成了现实，那么就要遭到不仅是伦理的谴责，还有法律的惩罚。

但是，现在的一些行为，比如像有些科学实验，它们一般并不被认为是损害社会与他人的，甚至一般被认为是造福人类的。然而，技术的进步却达到了这样一种程度：有些实验会给人类带来不仅难以预测而且可能是重大的灾难性后果。它们正在改变人类以及其他事物的自然进程。

过去的法律往往是，大概也必须是滞后的，它必须考虑行为的本身和明确的后果，乃至于“法无明文规定不为罪”。在行为没有实施、没有产生后果之前，它不能惩罚人，更不要说惩罚动机。否则法律就会被滥用，或者无法实行。以后的法律基本上也还会如此，但问题是：由于上面我们谈到的新出现的情况，对于那些可能造成非常严重后果的行为，即便其后果还没有显露或者没有充分暴露，要不要实行预先的遏制和惩罚？

道德可以有所作为的范围要比法律广泛，它可以评价一些法律不便惩罚的不道德行为，也可以评价人们的动机和整个人格。但一般来说，此前现代伦理也还是主要集中于对行为本身或者说行为准则以及行为的明显后果的评判。今天也许还需要一种针对后果的预防性伦理与法律。当然，这种预防性的伦理与法律只能是针对那些结果目前还难于预测，但如果产生恶果，一定是影响非常重大的恶果的行为。这种预防性的伦理与法律必须偕行：法律提供控制与遏制的主要客观手段，伦理则提供这样做的内在道德理由。伦理还可以从根本的人格与情操培养和广泛的舆论监督方面发挥作用。当然，我们还有赖于科学技术，要通过科学探究，去努力弄清可能的后果——即便这不可能完全做到。

如果要从源头上控制后果，我们还要考虑对那些可能造成不可预测后果的"科学狂人"行为动机的遏制。过去我在评论道德事件的时候，一般不主张深究行为者的动机，而是就事论事，就行为谈行为，因为人的动机难测，且不一定总有对道德主体全面评价的必要。但对于关涉人类命运的重要技术可能例外，因为它可能造成不可逆的重大后果，或者说像人们所说的，打开了一个"潘多拉的盒子"，所以有必要通过对"科学狂人"的动机分析来考虑如何从主观、客观两方面予以控制和防范类似的事件。

所以，我不揣冒昧地但也还是谨慎地通过分析一些"科学狂人"的言行来推测几个可能的动机。第一是商业利益的动机；第二是追求名声的动机；第三是纯粹的对不可知世界的强烈好奇，或者说会不计任何手段和后果，一心要揭开事物的奥秘；第四，我们也不完全排斥有时“突破红线”可能也是由于某种高尚的动机。这四者可能是单独起作用，也有可能是混合在一起起作用的，只是我们还不很明确这些动机孰轻孰重。而且，我们也要注意到人类行为实践中的一种情况：即便开始是出于高尚的动机，后来也可能产生恶果，甚至带来很大的灾难。

那么，对那些可能造成重大灾难性后果的行为，怎样从动机或源头就开始予以遏制呢？伦理所能做的主要是内心信念与社会舆论这两个方面。根本的办法或者说治本之策，当然是让尽量广泛的人从内心深深认识到人不可充当上帝，不可随意安排别人的生命（甚至包括自己孩子的生命），人要对自己的行为负责，包括对间接的、总体的不可预测的行为后果负责，等等。在舆论方面，伦理也是大有可为的，不仅是批评和谴责这样的行为，还可以考虑对求名的动机做一种“消声”的处理。

但我们也要看到单纯伦理手段的限度。它们可以在根本和广泛的层面发挥作用，却还不足以实现立即有效的限制，而有些危险却是紧迫和重大的。同时，我们也要考虑那些已经在相当程度上固化了自己价值观的人，你已经很难改变他们的观点。

从社会来说，对“科学狂人”动机的“遏制”也同样不宜只是“以心治心”，不宜只是主观的遏制，还应该有客观的遏制，有切实有力的惩罚手段，方能做到“惩前毖后”。这当然就需要有法律介入其中。

首先自然要遏制求利的动机，彻底斩断“科学狂人”的行为和实验与可能带来的商业利益的联系。让所有闯关者不仅得不到经济利益，而且损失此前已有的经济利益。至于遏制“求名”的动机，当然首先是防止让这样的名声成为令名，这方面倒是容易取得相当大的共识，但如果有些人就是要追求出名，而不管是什么样的名声呢？这可能就比较困难，没有很有效的制约手段。

现代社会知识界所主张的伦理和价值观，一般是要求了解全面彻底的真理、真相和真实的，而反对古人所主张的有所限制、隐瞒和隐讳的，但古人的主张其实还是含有智慧的。出于自然的人性，人们常常愿意“为亲者讳”——这种“容隐”的原则至少不鼓励检举揭发；或者需要“为贤者讳”——包括现代知识界有时也这样做：有的著名人权运动领袖嫖娼、论文被发现有抄袭，当时的媒体记者就相约不予报道。从另一面来说，对有些以后可能被一些人纪念的“恶人”，也会有意抹去他的印记和遗迹。也有媒体相约不公开报道某些罪行、罪人，或不提其名，不让那些不顾一切想出名的人扬名。所以，对这样的事件也要视情况分析，可能也不妨有一段时间的“冷处理”，当然，这种处理仍然应该是严肃和严厉的。

遏制“科学狂人”的动机可能最为困难，但这样的实验一般来说也都是需要资金、工作人员和实验者的。我这里只能说对那些明显缺少基本道德标准的、没有起码的对生命的敬畏之心的“科学狂人”，应该有严密的法规与政策不予放行，各种风险投资也不予投资，如果发现有这样的投资，看来也应在罚没之例。所谓的“天使投资”应慎之又慎，不要投给不怕突破道德底线的“科学狂人”乃至“魔鬼”。

对于“科学狂人”，我们以前虽然有法规，却不是很健全，甚至以后也不可能做到完全健全。但我们可以尽量健全相关的法律，在事先的授权、事中的监管、事后的惩罚等方面都有明确细密的规定。法律往往是滞后的，但我们却可以考虑使这方面的法律具有某种前瞻性，让这方面的法律尽量详尽并且可行。

总之，我们的时代正面对一个广阔的不可预测的世界。科技迅猛发展，不少领域已经酝酿着一个可能带来不可预测后果的突破，有些甚至只欠临门一脚。有些实验能够带来巨大的成果，但也可能有巨大的风险。它们不一定马上，甚至最终也不一定产生恶果，但一旦产生，就一定是非常严重的，这类恶果不仅是对具体的受害人而言，而且是对人类而言。如果不能有力地遏制和惩罚闯关者，后面也就一定会有跟进者。

目前，高科技的发展已经展示了许多方面突破的可能性。人类是必然会不断追求技术进步和突破的，许多突破也的确带来了经济的高速发展和人们物质生活水平的不断提高。但有些突破也是有巨大风险的，甚至越往后越是如此，为此我们才有必要提出一种“预防伦理”。而要让这种“预防伦理”落实，仅仅依靠社会舆论和内心信念是不够的，还必须表现在一系列的预防性法律和实施之中。这种“预防性法律”又可以从“预防性伦理”中吸收道德理由和根据。

基因工程伦理中的动机分析与后果预防

我们目前所生活的时代的各个社会几乎无不是以经济为中心，而经济的发展又是以科学技术为主导引擎。人类的科技发展越来越迅速和成果卓著，但也日益带来两种不平衡：一是人类不断增长的强大控物能力与道德自控能力的不平衡；一是人类本身的认知思维与科技能力的高度发展和人类精神生活的其他方面发展的不平衡。

技术的发展越来越加速，而后果也越来越莫测。高科技时代两个突出的发展特点是：现代社会居主导地位的动机和欲望在不断地推动科技发展；科技发展的高速、高能和高效很可能带来不可预测的严重后果。

这些特点需要现代伦理做出新的回应。现代伦理学多是以行为为中心的，尤其是义务论伦理学，主要是关注人们的行为和手段，但现在看来也应该加强对动机与后果的关注。

这就使现代伦理学需要增强一种“提前性”。

首先，由于难以预测的严重后果，现代伦理就还需要提前考虑行为之源，考虑使得这些行为产生的动机和欲求，这样，通过对行为的动力源头予以深入细致的分析，对症下药，综合治理，弱化和遏制那些可能产生严重后果的行为动机。

其次，现代伦理还需要努力提前预测和预防行为的可能后果。后果本来是跟随行为或在行为后面发生的，但因为坏的行为一旦发生结果将非常严重，同时也难以测知，所以要尽可能地提前去用各种方法预测和设想，提前采取各种防范办法。现代伦理，以及现代人的精神生活已经相当滞后于经济和科技的发展了，看来它们必须努力追赶飞速发展的技术。

然而，在动机溯源与后果预测的方面恰恰也要遇到很大的阻碍：人们对他人的外显行为相对来说比较好进行道德判断，但对他人内在动机的辨析一向比较困难。首先，直接的行为动机是内在于个人自身的，虽然可以通过由内省生发的移情和对他人行为的细致持续观察来判断动机，但总不会是很确切的，甚至容易发生错解。其次，动机还是混合的，各种动机往往是在一起合力推动行为的。甚至一个行为者自己也不是总能清楚自己有哪些动机或其间的比重。加上某一个人和群体的目的动机还会在实践过程中受到其他人和群体的目的动机的影响，最后达到的结果实际是一个互相促成、抵消或阻碍的合力的结果，这样通过结果来回溯动机也就更加困难。所以，我们需要努力通过各种方式，克服其内在性与混合性的障碍去辨析行为后面的各种动机及其主次。

至于结果或者说负面的结果（后果），在过去的低技术时代，乃至在工业革命的早期，相对动机来说还是比较好判断和预期的，但是，随着近年互联网、人工智能、基因工程、纳米技术等高科技的出现和结合，随着技术在日新月异地发展并不断深入新的领域，这种预测变得越来越难了。人们很难准确判断某些高新技术会产生哪些正面和负面的结果，尤其是那些比较长远与全面的后果。

所以，今天的伦理不仅需要仔细吸取过去积累起来的各种经验教训，需要一种缜密的理性思维，乃至还需要一种丰富的想象力：对人们的动机的移情的想象力，对未来各种结果的预测的想象力。除了培养道德哲学自身的想象力，我以为，科幻文学也是帮助我们了解和分析从事科学研究和技术应用的人们的动机和预测其活动后果的一个途径。

下面我就试图围绕近年发展迅速的基因工程技术，尤其是针对用于人的基因技术，从伦理的维度思考和分析其动机、后果以及可能的预防措施。

一　想象的高尚动机与结果

我们首先考虑目的和动机。一个完整的行为，一般包括目的动机——行为过程或手段——所产生的结果这样三个环节。目的是沟通前后两端的，是一种有意识乃至有严密计划的动机，它们可通过行为实现为结果——但往往最后达成的不会是目的者所抱有的全部结果，而只是部分的结果，甚至可能是完全另外的结果——抱有目的者无疑心目中都是先有一个他认为是好的乃至最好的目的，但带来的结果却有可能是不好的，甚至是最坏的结果。现在我们不妨就假设推动科技发展，包括基因工程发展的动机是出于一种非常高尚的动机，看看它会带来一些什么样的后果。

但怎样才能预测那些严重的后果和看到科学家们可能是隐秘的欲求和特有的思维方式呢？我们要承认，学者在想象力这方面是有不足的，而科幻文学则提供了这方面的丰富素材。尽管对政治的浪漫主义一向需要警惕，但我还是为近年来科幻文学的发展感到惊叹，至少对科幻文学的“想象力”刮目相看。这是传统社会几乎没有的新的文学样式。科幻文学虽然有些像古代神话，但它和真实又有一种紧密联系。当然，如此我们就更要小心地划分真实与虚幻的边界意识。科幻作品的一个好处就是它们作为“科幻”作品，已经自行划定了一种边界意识：即作者本人就意识到这里所写的并不是现实中发生了的，甚至不是可见的未来能够发生的。

而我欣赏科幻文学还有一个原因是：大多数科幻作品并不陶醉于未来的技术将给人类带来美满的幸福与和谐，而是侧重指出其可能带来的问题和负面的后果，甚至形象地描述了一些技术的反面乌托邦。在第一个使用“机器人”（Robot）的剧作家恰佩克那里，就想象了机器人联合起来向人类造反的故事。阿西莫夫的小说《最后的问题》，想象了人类越来越虚拟化，最后是那台不断更新和提升的超级计算机代替了人的主体角色，甚至代替了上帝的角色。在库布里克根据克拉克的小说改编成的电影《2001：太空漫游》那里，想象了一台有自己独立目的而不惜杀死人类宇航员的超级计算机。

刘慈欣的大多数作品，包括其巨作《三体》是强调来自外星文明的威胁。但我认为，最紧迫和严重的威胁还主要是来自人类内部，“外星人”就在我们中间。目前发展最有成就且最具威胁的两个科技领域大概就是人工智能和基因工程了。人类可能改变自己，不仅改变自己的智能，甚至可能改变人性。过去通过政治权力和政治运动试图改造人性的大规模社会实验已经告一段落，而通过科学技术改变人性的尝试却大有可能。当然，政治也仍旧是相当关键的：它可以成为这种改变的关键助力，也可以成为这种改变的关键阻力。

下面我们就先来分析反映了基因工程动机与结果的刘慈欣的《天使时代》与《魔鬼积木》。[①] 在《天使时代》中，来自非洲一个贫穷国家桑比亚的主人公伊塔博士是在美国读完计算机博士，后又转向分子生物学研究的诺贝尔奖获得者。他痛感祖国的贫穷和饥饿，致力于通过对基因的重新组合和编程改变人的性状，直到创造出了能够吃树叶和青草而保持良好营养状态的新人，另外也偷偷造出了许多长着翅膀的飞人，并在对联合国生命安全理事会派出的航空母舰集群的战斗中取得了胜利。他预期人类的一个“天使时代”即将到来，在那个美好的时代里，人类能够飞翔和潜游，并能够活到上千岁。

这个《天使时代》中的主人公伊塔博士在《魔鬼积木》中换名为有同样经历和抱负的奥拉博士。奥拉博士也用基因

① 两部小说内容有重叠。《天使时代》发表在 1998 年 6 月的《科幻世界》杂志上，《魔鬼积木》作为长篇小说 1998 年在福建少年儿童出版社出版。

工程将人类的消化系统改造为能消化更粗糙的植物，认为这样就可以解决人类，首先是自己国人的饥饿问题。但我们看到，为了解决饥饿问题就想研制新人，这是多大的代价和冒险，目的和手段之间是多么地不相称。在人类完全有其他的替代方法解决饥馑问题的时候，[①]他却极其冒险地尝试改造人的生物本性，甚至让他们改为吃草。他也试图通过从其他动物那里获得新的基因混合以增强人类的体能：更快、更强、更能适应各种环境。他只看到这种试验的可能的，但其实也是非常渺茫的美好一面，而却将巨大的毁灭性危险置之不顾。他甚至认为阻碍改造人的，只是人们见不得那些接近人的形象的半人半兽而产生的恶感，似乎全面应用这些技术只需改变人们的观念。

在《魔鬼积木》中，奥拉博士还有更为高尚和伟大的动机。他希望实现一个所有物种平等的大同世界的理想。他坚信，这样一个世界一定会出现，那时地球将变成“所有生命的天堂”。而用经费、物资、军队等条件支持他进行基因改

---

① 按照平克和赫拉利的观点和数据，人类饥馑的问题实际已经基本解决。可参见平克《当下的启蒙》第二部分“进步”，尤其是第七节“食物”，浙江人民出版社2018年版；赫拉利《未来简史》第一章“人类的新议题”，中信出版社2017年版。

造工程的美国将军菲利克斯将军的动机，则是为了要研制出具有战士精神的美国士兵。他希望奥拉博士的实验能够为美国产生出具有猎豹般敏捷、狮子般凶猛、毒蛇般冷酷、狐狸般狡猾、猎狗般忠诚，天生富于战斗精神和坚强意志的士兵。

于是在这样两种有差异的动机的推动下，他们达成了一种合作，建立了一系列秘密基地，创造了一批具有战斗精神的新人。奥拉博士还留了一手，他还为自己的祖国秘密地培育了大批飞人，将胚胎送到桑比亚国让母亲们生育出来。而当两种动机的不和最终造成决裂的时候，正是这些飞人战胜了菲利克斯的航母舰队。

我们这里不谈《魔鬼积木》中涉及的具体技术。这部小说毕竟是比较早的时候写的，还不能预见那些目前真正有效的基因改造方法和途径。但即便这里所涉的技术是比较粗陋的，甚至方向是不太对头的，即人的基因的改造和完善的主要方向可能并不是朝向简单地与动物体能混合的方向，也不可能那么快速地在一两代人之间就完成。但是，我们还是可以分析这其中的动机和后果的连带关系。

最早的后果其实在创造新人的实验过程中就已经出现了。奥拉博士说这种实验只有不到万分之一的成功率。那么，如何对待那些在实验过程中已经产生的具有生命意识的废品或半成品呢？如何对待新造的人或新的杂交物种：马人、狮人、蛇人、蜘蛛人呢？小说中是用烈火毁掉了那些半成品，用军队消灭了那些杂交人。

后来桑比亚的飞人虽然局部地取得了胜利，但胜利后的他们将如何处理自己的内部关系，尤其是与体能比他们弱的本国原生人呢？他们会不会利用自己的优势而要求特权，或就直接实行特权，或者说要求"更多的平等"？[①] 他们能在道德上超越人性吗？他们未来将改造原生人，或者让原生人自生自灭之后，进入一个完全是飞人的或者"新人"的世界？或者他们还将继续研制其他品种的杂交人？就像奥拉博士所说，他还会研究出更优良的品种。

我们可以看到，奥拉博士的基因增强和改善的实验的后果其实不是创造了平等，而是在制造不平等，首先是各种转基因人之间的不平等，因为不同的转基因人群之间一样会发

---

① 就像奥威尔的《动物庄园》中所描述的，动物们将压迫他们的人类主人成功驱逐之后，内部又发生了新的矛盾。动物庄园的口号是："所有的动物都是平等的！"但后来又加了一句："有些动物比另一些动物更平等。"也就是说，有一些动物还可以属于一些更小的圈子，在这些小圈子中实行高出大圈子的平等。各个小圈子各有各的不同等级的特权和待遇，但在圈子的内部是平等的，而且仍旧是以"平等"之名。

生矛盾和冲突；其次是转基因人与原生人的不平等，他们之间将可能更难协调；再次是原生人之间的不平等，即有权有钱实现基因完善的人与无权无钱的人之间的不平等。奥拉的实验也在否定人类的自由，不仅出现了无权无钱的人的选择不自由，也有那些被选择的转基因人的不自由，他们的生活和命运在胚胎的时候就被别人预先决定了。而且，他要实现其实验，就必须先是和美国的国家主义狂热者合作，后来还和其祖国的极权统治者合作。

像奥拉博士这样的看来似乎拥有无比高尚的目的和动机的问题在于：第一，这个高尚的目的是否真的能够达到或者可以持续？第二，在达到这一高尚的目的的过程中将不得不采取什么手段？第三，即便这一目的达到了，是否真的就是我们想要的结果？

而在《魔鬼积木》中，我们还没有看到物种平等的目标实现，但已经看到了在这一过程中造成了大量的原生人和杂交人的死亡了。如果那目标实现了，或许还勉强可以说是必要的代价，而那个目标其实还是不能实现，按照人性来说也不可能实现，这样，那么这些人就是白白地死了。而且，在这个基因改造的大规模实验成功之后，还会流更多的血，还会有更多的死亡。这种基因改造并没有带来和平与和谐，而是带来了冲突和战争。我们还可以从被认为是第一部真正科幻意义上的、玛丽·雪莱 1818 年出版的小说《弗兰肯斯坦》中看到：甚至在创造者和被创造的新生物之间也会发生激烈的生死冲突。

《魔鬼积木》还告诉我们，一是这些研制可以是非常秘密的；整个工程不仅可以向社会保密，科学家个人的抱负也可能向国家保密。二是国家的利益可以和个人的抱负结合在一起，甚至不同的理想也可以结合在一起：就像奥拉的生命大同的理想可以与威权统治者的利益结合在一起，他的理想也可以与国家主义的狂热理想形成一段时间内的合作关系，而这些动机的合力将带来极其严重的后果。

二　现实的动机分析与后果

我们回到现实。我这里想以 2018 年 11 月发生的贺建奎的基因编辑婴儿实验及其反应为例。这一令人非常不安的事件让人觉得尚可安慰的一点是，它马上受到了来自社会各界——包括来自许多科学家——的严厉批评，这些谴责一是指出它对两个已经出生的婴儿的难于预测的直接后果；二是更广大和长远的对人类基因库可能产生的后果；三是更普遍的，如果科学实验可以像贺建奎一样任意突破界限，那么将造成更多的且不仅仅是基因工程领域的不可预测的后果。

贺建奎的实验已经超出了纯针对性的，限于体细胞范围内的个人治疗为目的的范围，而是进入了用人的配子生育出具有新的基因婴儿的领域。人们指出，如果实验不成功，比如发生脱靶，或者被敲除的基因可能引起对其他病毒失去免疫力的危害。但是，即便没有脱靶，实验完全成功，基因科研继续往这个方向走下去，最终也将带来一个新生儿的智商、能力甚至性格、情感等均可“定制”的时代，“不要输在起跑线上”将变成“不要输在生殖线上”，人类的生活从一开始的胚胎时起就要被决定、被控制、被不可改变地分化，一些人将充当造物主的角色，绝大多数人将因失去生命的自然性和主导权也失去自由和平等，那将会是怎样的一个世界？

人的动机难测，且不一定总有对道德主体全面评价的必要。但贺建奎事件可能例外，因为它可能对人们造成不可逆的重大后果，或者说像人们所说的，打开了一个“潘多拉的盒子”，所以有必要通过动机分析来考虑如何从主客观两方面予以控制和防范类似的事件。所以，这里我还是不揣冒昧地但也还是谨慎地通过分析其言行来推测其中几个可能的动机。

第一是商业利益的动机。贺建奎在斯坦福做博士后期间，感受到了教授办公司的巨大成功和获益。他回国后，除了做科研之外，还办了多家公司。工商资料显示，贺建奎是 7 家公司的股东、6 家公司的法定代表人，并且是其中 5 家公司的实际控制人。这 7 家公司的总注册资本为 1.51 亿元，还得到了数亿元的融资。虽然贺目前否认他的公司与这项实验的资助有直接的利益关系，但如果他做成了这个实验且不受遏制，他名下的公司不难从中获得巨大的商业利益。

第二是追求名声的动机。比如说希望成为基因编辑婴儿的第一人，让实验中诞生的两个婴儿成为“世界首例”。即便考虑到被批评和谴责的因素，他也可以“暴得大名”，科技史上也要记上一笔。而且他可能也还是心存侥幸，或许还能够得到某种同情、理解和支持。当然，“恶名”一般来说会切断名与利之间的联系，也为一般人所不齿，但历史上的确有对名声的极端追求者甚至不惧恶名。

第三就是纯粹地对不可知世界的强烈好奇，或者说会有不计任何手段和后果，一心要揭开事物奥秘的“科学狂人”。贺建奎的确从很早就表现出对知识的强烈兴趣和奋斗精神，而从他不惜进行这一违背基因科学界的共识或突破红线的实验，也许还有一种强烈的、不惜一切代价也要看到基因编辑婴儿的结果的动机。当然，一个人如果单纯是这一动机而不追求名利，可能就会从头到尾完全秘密地进行这一研究。

第四，我们也不完全排斥有时“突破红线”可能也是由于某种高尚的动机。至少贺建奎自己是这样解释说：“我去过一个村庄，有30%的孩子都感染了艾滋。我认为我是骄傲的。我是在挽救生命。”

但是，在已经有其他技术让患有艾滋病的父母很高概率生出不被感染的健康婴儿的情况下，却要敲除婴儿胚胎中的一个基因，不啻让新生婴儿冒一种更大的风险，对其一生乃至人类的基因库也带来不可预测的风险，这就很难说是出于一种治病救人的高尚动机了。而贺建奎自己也不是不知道这种风险，在他以前写的文章中，他自己也认为这类实验“是极其不负责任的”。贺建奎并不无知，却相当“无畏”。

我们看贺建奎在宣布两个基因编辑婴儿出生的视频中面有得色，相当兴奋。面对事发后汹涌的批评和谴责，他似乎也没有多少痛苦不安，他在香港基因编辑学术峰会的发言和问答中，只是对程序道歉，而对这一实验却还感到“自豪”。他只看到直接的结果，却不考虑深远的后果。所以，对他的道德制约手段大概不易奏效，他在这方面存在盲点。从社会来说，对动机的“遏制”也同样不宜只是“以心治心”，不宜只是主观的遏制，还应该有客观的遏制，有切实有力的惩罚手段，方能做到“惩前毖后”。这当然就需要有一种预防性的伦理和法律介入其中。

我们也可以看看人们对这一事件的反应。大多数科学家表示了强烈关注、批评和谴责，但也有不同的声音。美国哈佛大学遗传学教授乔治·丘奇（George Church）作为在遗传学界取得了巨大成果的一位权威，在 Science 网站发布的一则专访中表示，他认为围绕着贺建奎的批评有点过度狂热和偏激，“贺建奎的研究方法和我想的不太一样，但我希望结果不会太坏，只要这些孩子是正常的、健康的，对于这个家庭或者对于这个领域来说都是好事”。“在某些时候，我们应该开始关注这些婴儿的健康状况。”丘奇认为贺建奎选择敲除 CCR5 基因让人感到震惊，但从另一方面来说，他也认为做艾滋病的防治比治疗 β－地中海贫血或镰状细胞贫血更有意义，关键是谁能做出最好的第一例。还有加州大学戴维斯分校的干细胞研究员 Paul Knoepfler 也说：“很难想象（贺）是世界上唯一一个这样做的人。”也就是说，很可能还有其他也在做类似实验的人，只是秘密进行而已。

丘奇看来只是关注贺建奎基因编辑婴儿的程序是否有效合理，以及婴儿是否能成活和健康的直接结果，而不去注意其长远和全面的后果。而在他看来，即便有负面的直接后果，比如1999年基因治疗受试者Jesse Gelsinger的失败，和科学发展的意义相比起来也是次要的。且总是有人会不断去尝试，并且最后取得成功。但生殖基因的改造与仅仅进行基因的体细胞治疗所将产生的后果肯定还是很不一样的。然而，可能真实甚至悲哀的是，他和Knoepfler的预感可能还会是对的：还是会有人前仆后继地继续进行这些实验。科学的发展会不断地推动更好的基因编辑方法的发明，也给这类实验提供了利器。生殖基因的改造不仅现在可能还有秘而不宣的研究，最后还可能成为公开的趋势。这也就更加需要人们考虑预先的、更加明确和有约束力的禁令。

限制和禁止的底线究竟应该划在哪里？它的范围应该有多大？现在并没有公认的能够约束所有国家的科技研究人员的冒险实验的法规。加州大学戴维斯分校哲学系的学者Tina Rulli最近发表了一篇《生殖相关基因改造不符合当代疾病治疗的道德准则之论证》的论文，[①] 作者论证说，以为利用CRISPR技术对配子或胚胎进行基因编辑具有治疗价值是一种彻底的误解。在生殖领域应用CRISPR技术可以创造出健

① Bioethics，2019；DOI：10.1111/bioe.12663。感谢北大博古睿学者汪阳明的推荐和组织的翻译。

康的人类，但与拯救或治愈患上遗传疾病的患者相比，创造健康的生命有着截然不同且更为次要的道德价值。在生殖领域应用 CRISPR 技术（或者说 CRISPR）的真正价值在于帮助极小部分人拥有与其存在亲缘关系的健康子嗣。而这点有限的价值，无法与对生殖工程的担忧相抗衡，也不值得为此投入研究资金。

我同意 Rulli 的论证，但对其持有的结论性观点还是抱有怀疑，至少作者的观点还是过于温和的，这或许是因为还没有充分估计到用于生殖的基因治疗和改善的后果的严重性。进一步的问题还在于：第一，冒着对他人和社会的巨大风险来帮助极小部分的人实现自己亲自生育的欲望是不是有价值？这是一个老问题了，人们认为帮助别人就有价值乃至道德价值，但他们可能只是满足了很少数人的欲望而已，却带来可能损害大多数人甚至全体的风险。至于通过 CRISPR 等基因编辑技术来达到人的体能和智能的增强，试图创造健康乃至完美的人类就更难以在道德上得到证明。第二，基因诊断与治疗和基因增强与完善的界限是不是泾渭分明，能够区分得那么清楚？有一些旨在加强和完善人类能力的基因增强的技术会不会在一开始无意乃至有意地以基因治疗之名出现，但后来却变成了基因改造并且将变异遗传给后代。这就有点像整形外科本来是矫正面容的明显缺陷，但后来却变成了一种美容，即开始只是为了矫正或弥补外伤造成的严重面容缺陷，但后来，相对于“更好”“更美”，一些其他的甚至普通的面容特征也可能被视作有“缺陷”和“不足”了，而且，不同的人还有一些不同的审美观或者爱好，矫正缺陷就变成一种全面的美容。

我们可以设想基因工程一旦可以不受严格限制地实行，那么，大概人们也会不满足于只是治疗那些严重的单基因疾病，而会追求更高的目标，这些目标或许大致可以分为三个方面：第一是追求更好的体能和美观；第二个方面是追求更好的智能，让人能够有更好的记忆力、更好的认知能力，更聪明，更高智商等；第三个方面则是追求精神意识的其他方面的能力，比如更好的德性能力、更好的审美能力和更多的爱心等。但这最后一种精神能力的增强是否能通过基因工程做到，甚至热心基因工程的人们是否愿意去增强这最后一种能力都是很让人怀疑的。因为，如果一方面是致力于制造竞争能力强的人，另一方面是致力于制造爱心强的人，爱心强的人可能会成为竞争力强的人的牺牲品。当然，这里也会因人而异，根据各人不同的价值观和经济能力，选取不同的目标或者比重，有钱有权的人们就可以有更好更优的选择，而少钱无权的人们则甚至可能无法选择，这样，就像我们前面所说，像 CRISPR 这样的基因技术就大概不是促进平等的工具，而是扩大不平等的工具了。

这三个目标可能在技术上一个比一个难度更大，尤其是最后一种精神意识的能力，我们连对自身的意识能力产生的奥秘都尚不明了，它肯定不是复制和重组生理条件和基因就可得到解释。这个过程还是一个探索和实验的过程，中间可能出现大量的偏差和莫测风险。就比如说贺建奎所实验的预防了艾滋病的基因编辑婴儿，最近证明却有染上其他疾病的比常人更大的危险，那么，让不让她们继续生育后代？人的生命是一个有机的整体，敲掉或置换某一基因可能在某一点上避免了某一疾病，但却可能引发其他的疾病，而且，某一点对整体的影响我们还并不知晓。

如果人类想通过基因工程不断追求完美，最后或许就将出现这样的情况，即还不知如何处理那些实验过程中产生的我们不想要的“次品”问题，我们就假设这些实验都非常成功，通过基因工程产生的人都非常优秀，那么，那些原生的人，那些不做基因增强和求完美的人，是不是也将被视作有缺陷的人，甚至被视作完全“无用的人”？他们是不是也要被清除掉，或者不许生育，让他们自生自灭？另外还有各种改善类型的人群之间也可能产生矛盾和冲突。对完美人类的追求最后将可能给我们带来地狱。

我们从历史和人性观察可以发现，人们的欲望不会止于“不坏”，还会想要“更好”。尤其当其他人或者其他民族、其他国家如果在基因改造上开始追求“更好”“更强”“更美”之后，那么，保持原状也就变成了“不好”“不足”和“不够”了。那么，人们也就会奋起直追。这就是竞争的逻辑。随着基因技术的进展，已有的和将有的基因编辑方式更加高效和简便易行，人类胚胎干细胞也不难获得，自愿的接受实验者也不难寻找，科学的狂人也总是不乏其人，为此，我们也许就需要划出一个比许多科学家们和学者所设想的更大的禁区，以留出更大的安全系数。

三　自律与他律

我们从上面虚拟的和真实的事件，也许可以归纳出一些人们的动机。首先是推动科技发展的几种主要动机。从比较高尚的动机来说，主要有两种：一种是对科学真理和新知的追求，他们认为推动科学的发展是最重要的；另一种是试图造福于整个群体，当然，这其中看来“最高尚”的是造福于所有生命和物种，其次则是试图造福于整个人类。比较麻烦、不好归类的大概有那些不是完全为了自己，但也不是为了人类或所有生命的动机，比如为了某个民族、某个国家，或某个更次级的群体的利益。从比较自利的动机来说，也主要有两个：一个是求利，也就是追求自身的经济利益；还有一个是求名，希望在科学史上取得一席之地，名垂青史。

当然，正如我们前面所说，事实上人们的动机往往并不是单纯的，而是混合的。就像奥拉博士最高的理想是实现物种平等大同，但这也能和他的爱国主义结合起来。追求科学真理的动机也容易和求名的动机结合起来。我们甚至有时很难辨别这其中的分量：某个人是更多地为了人类的普遍利益或者普遍真理还是为了自己和某个特殊的群体。

我们也还要注意，科学家们的动机又不仅是单纯出于个人，他们的动机也是在一定的社会氛围中产生的，他们的“动机”还常常是“被动机推动的动机”。也就是说，一个社会或时代的科学技术是否发达，又和整个社会或时代的思想氛围，和这个社会或时代的主导的价值追求有很大关系。而现代社会可以说是最有利于推动科技发展的，其中最有力的动因就是人们被大大释放出来的对美好的物质生活的欲望。社会强大的物欲就大大推动了科技这种控物能力的发展。所以，根本的对策可能还应包括：弱化物欲——不仅是少数人的经济利益，而且是多数人的物欲，那是强大的“功利滔滔”。淡化名声——不仅是淡化那些冒险的科技发现者的名声，还要丰富与平衡各种名声。丰富真理——看到真理不是只有自然科学的真理，还有人文和信仰之道。放弃高调——放弃彻底平等和完全自由的高调，放弃人类可无限完善的高调。

动机也是动力，研究动机是追溯动力的源头，能够有助于我们找到一味追求技术发展的动因是些什么样的价值欲求，从而从根本上减弱其单面性的动力，恢复我们人性的平衡，我们精神文化的平衡。后果是指负面的结果，如果能够预测到一些行为、实验的严重后果，将有助于我们预先规范和约束某些实验，乃至预先设立一些禁区。而我们不难看到一些科学家对待技术创新的态度：“不试试，怎么知道结果？”“不试试，怎么能够有科技的进步？”这在过去可能是对的，科学技术的确是通过不断的试验来发展的，就像电影《2001：太空漫游》中的一个镜头：一个猿人发现了石头可以变成工具和武器，他喜悦地将一块石头抛向空中，转瞬间变成了一个硕大美丽、静静旋转的宇宙飞船，人类上百万年的演变和发展就浓缩在这个画面之中，令人印象深刻。但太空技术和遗传技术的真正形成和飞速发展，也就只是在最近的一百多年，这也就是人类迄今为止发展最快、成就最大但处理不好也可能是遗患最大的时代。在今天这样一个高科技如此发达的时代，这种“什么都不妨试试”的态度对某些危险领域就可能是很轻率的。因为今天的有些试验有不可逆转的后果，并不是说失败了都可以全身而退的。

当19世纪60年代孟德尔在他的修道院种豌豆的花园里发现了独立的遗传定律的时候，连他自己大概也没有意识到这一发现的充分意义和后来遗传学突飞猛进的发展。他的论文曾被湮没了三十多年，但在最近的一百来年里，遗传学和基因工程却有了飞跃的进展。1941—1944年，埃弗里证明DNA是遗传信息的携带者，随后的研究又显示，基因是通过编码RNA来发挥作用，人们不断深入地了解了基因的调控机制，破译遗传的密码；1953年，沃森等发现了DNA的双螺旋结构；1968—1973年，伯格等构建出“重组DNA”，基因克隆与扩增技术出现，人类疾病的相关基因的定位研究也蓬勃兴起；1998年，成功地分离出了人类胚胎干细胞；2000年，在全世界科学家的努力下，人类基因组序列的草图初步完成，而人体的基因治疗虽然在20世纪90年代末受挫，但在最近的十多年里，又取得了巨大的进展。一些不仅可用于治疗也可用于改善、越来越简便易行的各种基因编辑方法相继出现。

公平地说，一些科学家们并不是不知道基因技术将带来的深远后果，而且为此进行了自律。最早发明“遗传学”（Genetics）这个词来称呼这门科学的贝特森在1905年就写道：当遗传的规律被发现和广为知晓之后，那时会发生什么呢？“有一点可以确定，人类将会对遗传过程进行干预。这也许不会发生在英格兰，但是可能在某些准备挣脱历史枷锁，并且渴求‘国家效率’的地区中发生……人类对于干预遗传产生的远期后果一无所知，可是这并不会推迟开展相关实验的时间……人们会自然而然地服从权力的意志。不久之后遗传学将会给人类社会变革提供强大的推动力，也许就在不远的将来的某个国家，这种力量会被用来控制某个民族的构成。然而，实现这种控制对某个民族，或者说对人类究竟是祸是福就另当别论了。”①

1975年，构建出“重组DNA”的伯格等科学家在阿西洛马会议上主动提出对基因科学家的自律，暂停对DNA重组技术的应用。基因科学界还约定俗成地形成了对基因诊断与干预领域的三项限制原则：第一是认为大部分诊断试验应

① 转引自［美］悉达多·穆克吉《基因传》，马向涛译，中信出版社2018年版，第57页。

当被限制于对疾病有单独决定因素的基因突变；第二是试验应限于那些会给正常生活带来极端痛苦或与正常生活无法相容的疾病；第三是基因干预要在达成社会和医学共识之后，并在病人完全知情和自愿选择的基础上进行。这些原则被视为大部分文化不愿违背的道德底线。[①] 2015 年，包括在论文中率先探讨了 CRISPR 技术的杜德娜等科学家在人类基因编辑国际峰会上签署了一份联合声明，呼吁暂停基因编辑与基因改造技术在临床领域——尤其是在人类胚胎干细胞中——的应用。贺建奎的基因编辑婴儿事件出现之后，科学共同体——包括中国的科学共同体——的大多数人所发出的批评和谴责，也都体现了这样一种自律精神。

一些科学家的自律努力诚属难得，我们现在还需要的是伦理学学者认识到自身的不足，予以对高科技伦理的支持和加强。而且，必要的他律也是需要的，包括法律的事先预防和事后惩罚。

在现实生活中，像奥拉博士那样的物种平等的高尚理想可能还非常罕见。但次一级的抱负则可能要多得多，包括科

---

① ［美］悉达多·穆克吉：《基因传》，马向涛译，中信出版社 2018 年版，第 497—498 页。

学家力图发现自然界万事万物奥秘、追求科学真理和新知的强烈欲望。在刘慈欣的另一篇小说《朝闻道》中，就有一批为了得到这些奥秘而甘愿自我献身乃至牺牲爱人与家庭的科学精英。他们心中的“道”其实只是科学与智能之“道”，而不是孔子所说的全面的为人之“道”。我们即便再降低一些层次，即便他们不会为此牺牲自己与他人的生命，强烈的好奇心和对后果的短视也足以推动各种各样将带来严重后果的实验。仅仅依靠科学家的动机自律还不足以防范这些后果。

人今天已经有技术能够改变自己的遗传基因了。而各种基因编辑技术还在被继续改进和完善，人类的精神却几乎对此还没有做好准备。就以近几年出现的CRISPR（成簇的规律间隔短的回文重复序列）的方法为例，它比以前的锌指核酸酶（ZFNs），转录激活样效应因子核酸酶（TALEN）的基因编辑技术更快速、更廉价，易于学习和使用，功能强大。更加高效和容易的新方法（如Prime editing）也还在不断涌现和继续发展。像贺建奎的基因编辑婴儿实验在技术上并不是说有多么困难，只是别人不敢做的他却做了。科学家们在不断改进方法，而这些改进了的方法不难由基因治疗的目的转变为基因增强和改善的目的——只要有胆敢于突破已有的共识“禁区”。正是因为基因治疗和基因完善的界限不易把握，而产生的后果又非常严重，所以还需要一个较大的缓冲而且是预防性的明确的法律“禁区”。

可以考虑采取的预防措施还可以包括：最好是能够切断科学研究乃至技术应用人员与他们的经济利益的直接联系。基因科学家自办公司是应该受到质疑的，不办公司可能因此受到资金的一些影响，延迟一些研究的过程，但这可能恰恰是需要的。而且，在单纯的科学研究比较全面深入地研究各种方法的性质和后果之前，最好不要急于投入技术的应用，更不要追求在利益和名望上“变现”。在足够充分的动物实验之前，也不宜过早投入人体的实验。在这样一些对人类至关重要的事情上，拉长论证和听证的过程是很有必要的。投入应用实验的审批权也应该交由较高的、统一的权威机构，而不应该只是由各单位或医院的伦理委员会来批准。除了各国制定的伦理法规，[①] 我们还应

---

① 中国目前这方面的原则标准和管理办法的文件主要有：《人胚胎干细胞研究伦理指导原则》（国科发生字〔2003〕460号）；《人类辅助生殖技术与人类精子相关技术规范、基本标准和伦理原则》（卫科教发〔2003〕176号）；《涉及人的生物医学研究伦理审查办法》（国家卫生计委第11号令，2016年12月1日起施行）；《医疗技术临床应用管理办法》（国家卫生健康委员会2018年8月13日发布，2018年11月1日起生效）；《中华人民共和国人类遗传资源管理条例》（2019年7月生效）。正在制定《生物医学新技术临床应用管理条例》，其征求意见稿包含了加强政府监管和惩罚力度的内容。

该努力寻求制定国际间的统一伦理标准和有普遍约束力的法规。

我们可能还需要认识人的本性及其在宇宙中的恰当地位。人是一种中间向上的碳基生物的存在，甚至连其身体的尺度，在地球上出现过的生物中也意味着一种中间性。他莫大的优势主要在于他的精神能力：在于一种能够“提高能力的能力”，他在认知能力以及后来在审美和道德能力方面都有一种自我改进和完善的能力。但这种自我改进和完善的能力也并不是无限的。人的善端超过恶端，他在道德上不是野兽，但也不是天使。可能重要的是追求一种平衡之道，即人的各方面的能力的一种平衡。追求单独的一种能力的片面的、无节制的发展恰恰有可能给人类带来灾难。

正如前述，当代人类文明的一个基本矛盾将是人的控物能力与自控能力的日益不相称。如果不能处理好这一基本的矛盾，处理好物质文明与精神文明的关系，人类文明将可能走上衰落和败亡之路。我们可以大致地区分一下人的精神意识的几大部分：智能、艺术、道德、信仰与爱的感情。人类的强大控物能力主要来自智能的发展。艺术对控物能力有转移和淡化的作用，但它还难说是自控或直接的自控。真正构成自控能力的是道德与信仰。基本的道德可以，常常也必须外化为制度与法律的约束。信仰则提供了一种约束人的僭越的根本的精神观念，帮助我们认识人类在宇宙中的恰当位置。

星空与道德律

——思考《三体》提出的道德问题

康德的有关星空与道德律的名言为人所熟知。他说他对头上的星空和心中的道德律的思考越是深入和持久，就越是在他的心灵中唤起日新月异、不断增长的惊奇和敬畏。据说这段话被刻在康德的墓碑上。

在此，星空与道德律构成一对类比：一种是在外的、最为高远深邃的；一种是在内的，最为贴己深沉的。但它们都同样神秘、神圣和让人感到惊奇，感到敬畏。我们甚至可以说星空与道德律是互为支持的。道德律让人们冀望于星空的根据，星空加强了人们对道德律的坚信。星空其实还有一个特点，即它从来就是人可以看到的，却又是无法触及的。即便到了科学发展的、康德主要生活于其中的18世纪，星空也还是人可望而不可即的。它被看作大自然或上帝最宏伟的杰作，而且，与同为造物的地球、大地还不同，它是非功利的、无限或近乎无限的。在一些信徒眼里，最能展现上帝意旨或威严的，就莫过于星空了。星空甚至就是上帝的一个象征和居所。在古代中国人的眼里，它常常就直接地简化或扩称为“天”，“天”也是高高在上的，不可触及的，乃至具有一种人格和道德的意味，“天命”是需要人努力去承担或用自己的行为使之配得的，“天意”也是要努力去认识，但即便认识不清也须顺从的。“老天有眼”是人间正义的一个根据，也是一种安慰。在具有艺术眼光的人那里，天空，尤其是星空还展示了大地上没有的一种美，一种无比浩瀚壮丽和神秘和谐的美。

但是，到现代人这里，对星空的看法却有了一种大的转换。星空不仅离开了神意，也不再是神秘的了。道德律也同样不再那么绝对和神圣。随着科学知识和技术手段的飞跃发展，整个世界、各个方面都在离神脱魅。如海德格尔所说，在技术的时代，诸神为什么会逃离？因为诸神一定要待在人不可触及的地方。但现在人的观测可及的地方是无比地向太空伸展了。在近年刘慈欣的一部想象力恢宏的科幻小说巨著《三体》中，更大尺度的星空进入了我们的视野，却不仅是与道德律分离的，还呈现出一种尖锐的对立关系。星空不再是神圣纯洁的，而是残酷的生死竞争的战场，其生存法则甚至恰是对道德律的否定。我现在就来试图思考和分析这一对道德的挑战。

一

《三体》出生伊始就注定是一部经典杰作。其立足于“硬科幻”基础上的想象力和细节描写的浩瀚、瑰丽和奇特，几无人出其右。但我认为，使之成为经典的，还有一个重要的原因恰恰是因为刘慈欣并不只是为科幻而科幻、为想象而想象写作，而是提出了人类生存和文明前景的问题，尤其是提出了重要的道德问题。这个问题就是他在“后记”中所说的：“如果存在外星文明，那么宇宙中有共同的道德准则吗？”并且他认为：“一个零道德的宇宙文明完全可能存在，有道德的人类文明如何在这样一个宇宙中生存？这就是我写‘地球往事’的初衷。”[1] 我们甚至可以将刘慈欣提出的这一问题或思路理解为《三体》的中心问题或者说思想主旨，它不仅为作者所直接申明和强调，也贯穿在《三体》全书的人物和情节之中。一个热爱思考的人越是钦佩和尊重作者，就越是要

① 刘慈欣:《三体》，重庆出版社 2018 年版，第 300—301 页。

重视和尝试回答他提出的这些问题。

当然，这里的道德问题还是可以进行分析或分解的，看来可以分解为这样两个问题。第一个问题是：宇宙中是否有一种普遍的、不管生存物为何物，都应当共同遵守的道德法则？我们可以说这是一个有关道德律的“强命题”。第二个问题是：不管有没有用于所有生存物的共同道德法则，也不管其他生存物遵守不遵守，人类自身是否应当始终遵守一种道德法则？我们称这是一个有关道德律的“弱命题”。

但如此分解就会遇到一个新的问题，那就是在人类与宇宙其他生存物之间是否有什么共同点，又有什么不同之处。地球人和“三体人”的关系看来是属于碳基生物的关系，他们之间的距离还是比较迫近的，还可以互通信息。但地球人和其他一些生存物的关系却不一定都是碳基生物之间的关系，而可能是一种碳基生物与硅基生物或其他未名之生存物之间的关系，比如小说中提到的“神级文明”，还有刘慈欣其他小说中写到的一些极其强大的存在物。它们可能有比碳基生物远为强大的控物力量，不一定有道德、艺术和信仰的精神，却有意志和选择。人类与它们的关系如何处理？它们的“文明”其实已经不是我们所理解的“文明”。对有的强大存在物，我们甚或可以将其理解为一种宇宙灾难，就像我们在地球上遇到的自然灾难——地震、火山爆发或者外来彗星的撞击等，我们对这些灾难虽然也可以努力预防和应对，但如果避免不了，实际上只能坦然地接受，而与道德律似乎没有多少关系。

刘慈欣的《三体》及他的其他一些小说中所描写的宇宙灾难其实很大概率不会发生——不仅在我们的有生之年不会发生，在人类可见的未来看来也不会发生。但提出这样一些问题还是很有意义的。它们把我们的思想逼到绝境，逼迫我们思考人类文明的最终前景和道德律是否具有最大范围的普遍性。这种普遍性的有无对我们一般地看待道德律的性质和地位，以及处理人类内部的关系也是富有意义的。

换言之，在《三体》所提出的"宇宙社会学"与人类社会学之间还是有一种内在联系的，但两者之间是不是又有什么差异呢？《三体》中提出的"宇宙社会学"设定了两项公理：第一，生存是文明的第一需要；第二，文明不断增长和扩张，但宇宙中的物质总量保持不变。这样就会遇到生存扩展与资源有限的矛盾。加上"宇宙社会学"的另外两个概念——猜疑律和技术爆炸，就使这种矛盾到了你死我活乃至必须主动攻击的地步。"猜疑律"使即便某类生物抱有善意，也达不成相互信任，如果它无法指望自己的善意得到对方的善意回报，自己的善意就可能也不得不转成恶意或者始终的防范之心，换言之，就必须将其他的所有生存物都看作潜在的敌人。而“技术爆炸”则还使各类生存物即便对比自己弱小的生存者也无法容忍，因为，弱小的对方也可能通过技术爆炸在短期内就超过自己的能力，所以，最好的办法看来就是不管其强弱与否，一发现它就主动攻击，消灭对方。这也就构成宇宙“黑暗森林”的生存法则。这样，这后两个概念就将前两项公理推到一个极端：其他所有的宇宙生存物或者说地球外的其他文明都是敌人，而且最好要先发现对方，先发制人。每个宇宙文明在这黑暗森林中，就都应该是小心翼翼的猎手。“猜疑律”的概念将所有其他文明或生物都变成敌人；“技术爆炸”的概念将所有的敌人都变成了需要主动攻击的对象。

在人类社会中，生存扩展与资源有限的基本矛盾也同样存在，不仅对整个人类存在，也对人类中的各个文明、国家存在。但人类各群体毕竟都是性质和能力比较接近的存在，都属于碳基生物中的“智人”，各文明、国家之间也有密切交流、建立互信的可能。猜疑率可能部分失效，科技的优势也可以迅速传播开去，当然，更重要的是人们心中的道德律和相应的制度机构等，使得今天的人类还是大致能和平地生活在同一个地球上。

但正如《三体》中所描写的，当抵御三体人的地球联合舰队劫后剩余的几艘飞船在共同庆祝生还之后不久，决定前往新的目的地的时候，却发现自己的燃料、配件、食物等严重不足，所有飞船的资源只能供一艘飞船之用，猜疑链这时也就同样出现了，结果它们因为害怕对方的攻击而都互相先行发动攻击，最后只留下了一艘幸存的飞船。也就是说，在作者看来，至少在一些特殊的边缘处境中，人类社会的内部也会按照“黑暗森林”的生存法则行动。“宇宙社会学”与人类社会学有着相通的一面。

而即便说人们的行为常常是内外有别的，人们对道德原则的态度也还是会互相影响的，如果说对待外星人的态度可以是不顾一切，主动攻击，斩尽杀绝，那么对自己人也是可以如此行动的。因为原则就是原则，原则就具有一种普遍适用性。如果将生存视作可以压倒一切道德准则的最高法则，那么就可以应用于几乎一切对象和场合了。上面的人类残余飞船之间的互相攻击就是一个例证。

我们不知道人之外的其他外星生存物会如何行动，我们甚至不知道它们会是什么——比如是碳基生物还是硅基生物。我们更多地还是要考虑这后面的“弱命题”。当然，何谓“遵守”，遵守“什么样的道德律”，这道德律的要求还是会因范围和生存危机的程度发生变化的，我们也还需要解释。不难注意到，即便在人类的内部，道德要求的内容和强度也是有变化的，我们或许可以这样描述一种道德要求的实际趋势，将其称为一种“道德要求的递减律”。

这种“道德要求的递减律”主要随着两个因素变化：一个因素是群体范围的扩大和层次的提高；一个因素是生存危险性的增加。它们之间呈一种正比关系。随着群体的扩大和危险的增加，道德的底线要求也会下移，即也许是在趋近于零，即越来越多的是硬邦邦的实力、能力在说话而不是道德在说话。但我想捍卫的一个观点是：道德的要求在人类那里无论如何还是不会完全消失，道德永远不会是零。伦理即便在人类到了太空也不会完全失效。

从人类关系的内部到外部，这种主体范围与关系的几个重要节点是：个人或者说自我—国家之下的群体及其相互关系—国家及其间的关系包括国家内部的各个群体、群体与国家、个人与国家的关系—人类及国际、各个文明之间的关系—宇宙及星际关系。

自我在只影响到自己个人的范围内是尽可以高尚的，虽然一般人也都需要履行作为一个人和社会成员需要履行的义务，但一个自愿的人也可以有无限的爱与自我牺牲的行为。甚至自愿结合、可以自由退出的群体也可以有相当高尚的行为。但是，在国家的层面上，对一个政治社会的所有成员就不能普遍提出过高的道德要求，而一个良好或正常国家的对内决策也要考虑到这整个政治社会的生存和发展，兼顾各个群体和所有社会成员的利益，而不能任由自己个人的高尚或爱的动机来做出决策。至于对外决策，在处理国际关系的时候，则除非在涉及整个人类都非常重要，甚至生死攸关的事务上，一般国家会以本国利益为优先。而人类在对待地球上的其他物种，也很难不秉持一种“人类中心主义”。但随着生态伦理学的发展，人类在近数十年来已经有意识地兼顾地球上其他物种的存在，这已经表现出一种跨人类的道德力量，而且，一种“非人类中心主义”也有一种纠正以往的偏颇的意义。人类在面对能力远远弱于自己的其他生命乃至非生命的存在物的态度有一种“顾及”的态度，也说明强者并不一定要奉行无论如何都要主动消灭其他存在的“生存法则”。

还有一个考量因素就是涉及生存的危险程度。作为一个人和社会的成员，个人有援助他人和同胞的一定责任，比如损失自己的一些利益让他人紧急避险的责任，但社会的伦理并不要求他牺牲自己的生命去挽救他人的生命，舍己救人只是一种值得我们钦佩的、自我选择的高尚行为。在一个政治社会内，个人是可以在自己的生命遭到直接威胁的时候正当自卫的，却不可以过后自行复仇而只能交付给国家法律去制裁。一个国家在遭到入侵的时候自然应当奋起反击，但是否能对他国进行先发制人的攻击则大可质疑，而即便开战以后，武装力量也不应杀害对方的平民和已经放下武器的敌人。这些都和生存究竟受到多大的威胁有关。

所以，我们需要首先仔细分析“道德律”的内容，需要严格区分高尚的自我道德与基本的社会伦理，区分高尚的爱和道德的责任。

有关如何区分这样“高尚的爱”与“道德的责任”，或者说“爱心”与“道德律”，我们可以现成地以《三体》中的两个主人公为例。第二部的主人公罗辑可以说是坚守道德律或道德责任的一个典型，罗辑开始并不想充当救世主的角色挽救地球，他只想有一个爱人，一个家，有自己的一种好的生活。但是，一旦责任落到了他的身上，他就承担了这一命运，努力寻找到了能够威慑三体人的办法。他意志坚定，孤独坚守，最后连他挚爱的妻子与孩子也离他而去。他在该有情的时候柔情无限，该无情的时候也冷酷无情。他知道“同归于尽”的威慑有莫大的风险，但这也是唯一的挽救地球人的办法，甚至也是遏制和保存三体人的一个办法。他坚守的是一种底线伦理。

《三体》第三部的主人公程心则是另外一种类型。她在某种程度上是一个爱的化身，但她的这种爱不仅是对弱者的怜悯的爱，它本身似乎也是一种软弱。她的这种爱看来只宜用于自我或自愿的小团体，而不能用于大的、具有一定强制力——也就是说抉择人要替代他人选择的群体。结果她两次在人类生死攸关时刻所做的选择对人类造成了重创以致最后的毁灭。她以为她也是在追求责任，但实际上并不是，而主要还是一种怜爱，而且是软弱的怜爱。

所以说，罗辑的选择可以说是承担起一种道德责任，是遵守一种道德律，而程心的行为却并不如此，当然，我们也不可否定，一种恻隐之心也是道德的动力源头，爱是绝对不可或缺的。这种恻隐之心的爱在罗辑那里也存在。但是，还必须加上坚强的意志和理性，听从一种道德责任和义务的呼声，才能说是真正遵守一种道德律。

这也正是《三体》的一个重要意义：它大大开拓了我们的想象，但也让我们明白应该放弃一些玫瑰色的童话。一直有一些科学家在警醒人们，不要浪漫地幻想外星人会对人类友好甚至热爱，甚至不要幻想我们一定能够和它们顺利地沟通和说理。《三体》可以加强了这一警醒。其实对人类自身来说也是这样，刘慈欣冷峻地描述了生物本性和宇宙现实中无情的一面，描述了人的本性和现实处境，我们大概也应放弃一些自身的对完美社会的浪漫幻想，放弃一些非常高调的，但也不着调的所谓“道德”。

二

《三体》是“地球往事”的三部曲——其实也只是片段的、地球人最后阶段的往事：地球人在其21世纪开始的近四百年里，遇到了被三体人威胁和进行摧毁性攻击，而最终还是连同太阳系被不知来自何处的降维攻击毁灭。一开始，人类经历了危机纪元的两百多年，那时主要是地球人和三体人缠斗。三体人或是进化得更早，或是在严酷的环境中开化更迅速，它们在技术上大大优越于地球人。它们在得知了地球人发来的信息之后，出动了飞船舰队要打败地球人，向地球移民。这一强大的舰队将在四百年后到达地球。人类初期除了主流防御计划，还有一个面壁人计划。被挑选的四个“面壁人”可以独自冥想克敌制胜的计划，然后不加解释地使用大量资源来实施其计划。

地球人精选的“面壁人”看起来是主张抵抗的胜利主义

者，但其实骨子里全都是失败主义者，还有另外一位，一直以极其坚定的胜利主义者面貌出现的章北海其实也是失败主义者，他们都认定技术和实力的差距是绝对的差距，事实也的确如此。当然，失败主义也并不就意味着完全不试图抵抗就投降，而可能是逃逸，但能够逃逸的只能是极少数。生活在地球上的人类无法逃逸，他们用什么来抗衡三体人呢？似乎没有别的办法，实力差距太大的弱者无法战胜强者。当然，由于这时他们面对的还是一个差距很大但差距还不是大到对方也不是全无弱点的敌人，所以，如果能够找到并利用这一也是命门的弱点，就还可能实施一种保证"同归于尽"的威慑战略。建立这样一种"恐怖平衡"，似乎是弱者最有可能生存的策略了。

而在这危机期间，因为人类开始只考虑如何防御攻击而生存下去，这些计划耗尽了人类文明的绝大多数资源，导致中间出现了一个"大低谷"的时代，人类甚至曾经沦落到了人吃人的地步，但后来大多数人不想集中几乎所有资源来对付三体人之后，转而要"给岁月以文明，而不是给文明以岁月"，也就是转向一心发展经济和提高物质生活水平，这样反而又有了一个"技术爆炸"；地球虽然表面沙漠化，但建立了漂亮壮观的地下城；人们的物质生活提高了许多，而太空防御的技术水平也提高了许多。人类有点自负了。其实还是强弱悬殊，在对三体人的战争中，仅仅三体人的一颗“水滴”（一种小小的强互作用物体）就让地球人庞大的联合飞船舰队几乎全军覆没。

小说中写道：三体人先知道，后来地球人也知道了太空的“黑暗森林法则”：只要谁暴露了自己的坐标，迟早就一定会受到不知来自何方的敌人的毁灭性攻击。在这样一个黑暗森林中，每个文明都是小心翼翼的猎手，尽量地不暴露自己。罗辑终于找到了发射对方坐标的办法，建立了对三体世界威慑的六十年，这一期间地球还得到了三体人的科技输入。这是这四百年中最好的时代，人类社会科技空前发达，也“空前文明”，但这后面却是“一人独裁”（或者说是“独撑”）。而程心接手罗辑成为威慑的“执剑人”之后仅仅 15 分钟就丧失威慑的两年，对人类则是活得最悲惨的两年。两年后，三体人的坐标终于还是被游荡在外空的人类飞船万有引力号发射出去了，三体世界不久被毁灭了。但地球的坐标也同样保不住了。坐标发射之后的广播纪元的 60 年，重新获得喘息之机的人类则试图重整防御和重振科学技术，这时的敌人已经不是三体人了，而是几乎整个宇宙的可能攻击者。人类有了掩体计划、黑域计划和时断时续的光速飞船计划以图求生。但最后还是完全无法抵御将太阳系变为二维的攻击，太阳系不断地沉落为巨大的一幅二维画面，只还有寥寥几个人逃逸出来，飘荡在太空中。

人类置身在这样一种生存险恶的宇宙环境中，是否还有道德存在的余地呢？面对幽深莫测却可以直接迅速地互相作用的太空，人类文明现在是到了星际关系的范围，到了动辄以光年衡量距离、以亿年衡量时间的尺度上。不知其名的敌人有强大的能力能够瞬间毁灭人类，这时对人类道德的要求是否还存在？道德的底线要求肯定还会递减，但是否就完全等于零？

康德的道德律的“绝对命令”只是考虑到了用于“所有的理性存在物”，在他的心目中也就是人类。现在却出现了一个如此险恶的外星世界，人类此时还应不应当遵守一种道德的律令？这个问题的确是一个莫大的挑战。但我认为对这一问题的回答应该还是肯定的。当然，正如前面的“道德要求的递减律”所述，道德要求的强度会有所降低，或者说，道德的核心部分会收缩范围，但它们又和前面所述的各个关系点上的道德是核心相通的。道德还是有一个极小的坚固内核，还不会是等于零。下面我就尝试提出人类应当仍旧遵守道德律的几点理由或论证。

首先，这还是为了自己，为了人类。人是合群的动物，必须通过合作才能有进步。而这合作的规则就植根于道德。可以设想，如果生存可以完全摒弃道德成为最高原则，任何个人或群体只要事关生存就可采取一切手段。那么，人类自身不要说“技术爆炸”式的发展，内部即便是维持低度的发展乃至存续也大成问题。

或者有人说，不是可以内外有别吗？但是，如果说从根本上动摇和颠覆了道德的原则，如果说在星际关系中可以推翻道德的原则，在人类关系中不是一样也可以推翻道德的原则吗？我们很难说这不会影响到人类的内部。就像建立起来对外防御三体人的联合舰队，当侥幸逃脱的几只人类太空战舰为了有限的资源争夺的时候，就开始了互相摧毁的攻击。一种对外的原则也就影响和延伸到了内部。

其次，这也是为了生存本身。生存的确无比重要。其实道德的核心内容也就是保存生命，但是，道德就意味着，不仅要保存自己的生命，同时也要在一种较低程度上兼顾其他群体的生命，甚至尽可能地保存其他物种。也就是说，道德的第一要义就是“生生”和“止杀”。要想胜过三体人的毁灭性攻击而求得人类的生存，需要人类有坚定的责任感和道德的精神。另外，也不是没有这一可能，双方不仅需要在毁灭性的攻击之前达成一种各自都不想被毁灭的“恐怖平衡”，还可以考虑努力通过交流，寻找办法，从“恐怖平衡”各自退后一步，再退后一步，这也就需要一种道德的精神。

事实上，在《三体》中，人类在星际冲突中走向自己最后的四百年中，之所以没有迅速地毁灭，还是依靠了内在强固的道德标准的。比如说冬眠的维持，冬眠需要体外循环系统和及时唤醒，罗辑冬眠了 185 年，经过了那个人类资源极其匮乏、生存极其艰难的“大低谷时代”，但即便如此，他和他的妻女，同伴也没有被弃之不顾，而是被保存完好地唤醒，甚至他们近两百年前的存款及其利息还被计算得清清楚楚并可以照付。所以说，如果没有一种强固的基本道德，那么，“外星人”也会大量出现在人类中间，不用等到外星人来灭了人类，人类早就把自己给灭了。

最后，我们的确可以承认，归根结底，遵守道德律这也是为了道德律本身，为了道德原则本身，为了人的精神和尊严本身。人类是除了肉身，还有精神和意识的动物。精神是唯一有异于物质的东西，我们也许还可以说，精神是唯一可以与物质抗衡的东西。我们不知道在外星（比如硅基生物）那里会不会有这种精神，但我们确凿地看到，在人类中是有这样的精神的。它似乎十分弱小，我们甚至还不清楚它产生的奥秘。人的高出于其他动物的尊严就在于他不是完全为谋生的动物，不是完全功利的动物和完全技术化的动物，就在于他能够以他似乎微弱的精神意识抗衡无比庞大和强悍的物质世界。也正是这一小小的精神意识，使他能够不仅意识到死亡，而且能够坦然地去死，高贵地去死。如果是面对实力悬殊、不可避免的死亡，那么，为什么要哭哭啼啼，惊慌失措，甚至自相践踏？为什么不高贵地死呢？不像一个不仅拥有肉体还拥有精神的人那样去死呢？人终归有一死。人类也终归有一死。生存在某种意义上也无非延长了那不可避免的死亡到来的时间而已。这种延长就那么重要？值得我们牺牲一切，包括牺牲让我们有尊严的精神？如果一定会走向死亡和毁灭，那也就不妨在努力抗争之后从容地去死，安静地去死，接受命运的安排，体面地退场。就像《三体》中的主人公罗辑那样。如果就只是认定生存高于一切，他是可以随着那艘逃离太阳系的飞船而继续存活下去的。但他没有做出这一选择，而是选择留下来和地球人一起终结。或者就像史强一样，不去多想，只是履行职责和做人的本分，过好日常生活，最后坦然消失，不知所终。

所以，在我看来，群体的范围越大，越是掉到生存的底端，道德的要求可能越会趋近于零，却还不会是零。因为生命不会是零，存在不会是零，或者说精神不会是零。存在存在着，在在。总是会有一种看似极其微弱的精神意识在抵抗着所有压迫过来的物质存在——无论它是多么强大。从这种意识中既然能够生长起发达的认知和控物能力，也就能够萌生出一种发达的道德力量。道德也许经常失败或失效，但永远不会消失和无效。

我们还可以用《三体》自身提供的例证来说明，即便那些认为生存压倒一切的人们，其实也还是没有忘记道德。章北海为了未来一个渺茫的制造高端飞船以逃生的希望，就射杀了三个可能反对立即研制高端飞船的科学权威，这在道德上是应受谴责的。但当他后来冬眠醒来，参加了人类的联合舰队，当舰队被水滴攻击，只剩下最后的几艘，而它们又开始互相攻击的时候，他所在的舰迟了几秒，在主动攻击他舰之前遭到了攻击，在临死前的几秒他说“没关系，都一样”，他想的是只要留下了人类文明的种子，是我是别人也都差不多。这时他跳出了他的那个小群，而是在大群或者说道德的立场上思考了。甚至还有被视作“恶魔”的维德，他绝对是意志无比坚定的、将生存视作至高无上的人，但是，最后他却遵守了他多少年前对一个弱女子的承诺，将星环公司交还给了程心，他放弃了抵抗，也放弃了自己的生命。

三

我现在还想对《三体》中所述的“宇宙社会学”和“黑暗森林生存法则”提出一些疑问，因为这涉及其对道德提出的挑战的前提，以及我们如何理解我们生命的性质和尺度。

的确，生存是文明的第一需要，而生存的资源不会无穷无尽。有限的资源和各个文明的生存总是会发生矛盾，甚至可以说这是一个基本的不会消失的矛盾。但是，认为文明会不断地增长和扩张并导致各文明之间的生死冲突却有一些问题。文明自身有萌芽、生长、扩张的时期，但也有停滞、衰落，最后走向灭亡的时期。即便没有其他的文明外敌入侵，一个文明最后也会衰亡。至少我们从地球上可以观察到，不仅人类的一些文明，还有一些群体，以及一些其他的物种是自生自灭的，或者说遇到了自然的灾难，而不是遇到了蓄意的攻击。而一个文明即便在其扩张期，也往往还是能够与其他文明共存。

而有猜疑也就有相信，猜疑只是互信度不够，但还是期望着信任。通过一定的交流也不是全无可能获得互信。总之，猜疑律并非一个铁律。连三体人也还相信程心的善意——虽然也许是过度的善意，否则它们也就不会铤而走险了。至于技术爆炸，也可以有一个恰当的判断，有些技术的差距是在某些文明的“有生之年”绝对无法赶上和抹平的，还有些差距不可能改变是因为进化的方向完全不同。另外，有技术爆炸，同样也有技术停滞，甚至技术毁灭，技术毁灭的速度有时可能比技术爆炸的速度还快。如果任何一个文明都不仅要消灭一切现实的敌人，而且消灭一切潜在的敌人，甚至消灭可能还处在刚刚萌芽状态中的可能敌人，那么，它们还怎么求自身的发展。如果这成为一个普遍的状态，未来可能很强大的文明大概也都在萌芽状态中就被消灭了。我们还是从地球上的经验观察：各个文明可能更多的还是会考虑自己发展的事情，而不总是考虑自己如何为了生存先发制人地攻击他者。

至于“黑暗森林”，我们就不妨回想一下我们对森林的经验，想象森林中会发生的一切事情。森林中会有各种各样的存在、各种各样的生命（或者说是各种各样的“文明”），它们基本上是各得其所，对不能构成自己食物的其他生命几乎是不屑一顾。即便是同类，都是动物或都是大型动物，我们也可以考虑动物在森林里会做的一切事情：采摘、捕猎，玩耍、结伴、休息，单纯为了自身的安全而总是想灭了对方的进攻和防御只占其中的一小部分。是的，捕猎也可以说是一种进攻，但是，这是以谋食为目的。没有什么目的的，不能为自己带来好处的进攻和消灭是很少有的，尤其是像《三体》中“歌者”那样任意挥洒地消灭星球其他生命坐标的行为是几乎没有的。所以，宇宙的“森林”大概也没有那么黑暗或总是黑暗，宇宙文明不会总是一种“生存死局”。

而且，我们尤其不要忘记距离。森林中的生命还是密集地生活在一起的。而我们却需看到宇宙空间的宏大和各种外星文明或生存物之间的遥远距离——在人类已经达到多少万光年的观测范围内，我们到现在也还没有确凿地发现一个其他的类似的文明。我们就更没有发现由另外一个文明星球攻击而遭毁灭的文明星球。有的星球的寂灭看来是出于自然的原因。当然，我们的知识还不够，也可以说这后面可能也有攻击。但设想宇宙在自然地运行、在自然地新生和毁灭，总比设想宇宙中到处充斥着攻击和毁灭的诸种文明意志要可靠得多。

多年前，我曾经在一篇文章中设计过一种“星际和平如何可能？”的例证，[①] 我谈到空间距离是这种人类史上迄今存

---

① 何怀宏：《从传统引申：和平与政治秩序的关联》，载《学人》第7辑，江苏文艺出版社1995年版。

在的和平的重要因素，就像古代的地理距离和天堑也曾在客观上给各文明一度带来和平一样。在现在的地球上，人类之间和平的这个距离制约因素自然不存在了。但在星际之间，至少从我们现在看到的情况来看，这个影响因子还是非常强势的存在。

最后，我还想说，生存的确很重要，我们甚至可以同意生存第一，但也要考虑我们人类的生命的性质和尺度。

世界是广阔无垠的。我们所写的“世界史”还只是人类活动的世界史，我们所说的“宇宙史”还只是我们所能观测到的宇宙史，而它已近乎无限。宇宙有膨胀，也有坍缩；有爆炸，也有热寂。星外有星，天外有天。

如果想象世界是有限的，是有边界的，那么人们会问：在这边界“之外”是什么？如果说是虚无，那“虚无”又是什么？如果说我们所见的宇宙源自一次宇宙大爆炸，说时间有开端或者说之前没有时间，那么，人们也还是会问：在这“之前”又是什么？“没有时间”又是什么意思？我们今天所能观测到的宇宙大大扩展了我们的空间观念，但它也还只是我们所知的宇宙的一个很微小的角落，我们所能影响和触及的世界就更小得微乎其微了。但另一方面，不仅想象整个世界的有限是难的，想象无限也是难的，想象无限近乎想象上帝。我们可能是处在那无限的世界的伟大的、永恒的循环之中的一个之中，但我们也不知道这循环是什么，更不知道在循环的哪个点上。

但不谈整个世界时空的有限还是无限的问题，也不谈如果是无限，这“无限”是以何种形式存在或如何理解的问题。涉及任何具体的存在，它们则确凿无疑都是有限的。各种物体和生命各有各的有限，各有各的生命的尺度和范围，人类也不例外。也许真的在宇宙的另外一个更高层次，或者另外一些高的维度存在“诸神级别的文明”的生死大战，但既然“你们是虫子”，[①] 我们的大战，与你有何相干？或者说在地球上的微生物那里，也存在生死大战，互相吞噬，但假如它们真能对人类说话，大概也会说，“你们是巨人”，我们的争斗，与你有何相干？

从人的肉身来说，甚至也从人的认知和技术能力来说，人都还是渺小和脆弱的。但就像帕斯卡尔所说，人真正伟大的可能正是他的一点精神意识，是人知道自己有死，个体有死，人类也有死。如果说还可能有比星空、比宇宙更广阔的，

① 这里是借用小说中三体人的一句话，但它们和我们其实还都是属于碳基生物，悬殊还没有那么大。

那就是我们的心灵或者说精神意识，人的意识可以询问和思考我们所见和所及的这一切，人还可以越过观测和推理所见的范围，思考宇宙大爆炸之前银河系之外、思考我们所知的宇宙的之前和之外，思考整个存在。我们的精神意识还可以思考无限，以及这无限和有限的关系。人还是会渴望无限。但这不应妨碍我们同时也还认识到这有限，甚至应该同时保持对这有限的认识和对无限的热望。这也是我们肯定道德律的一个根本原因，因为如果说人还是很伟大，还是很了不起，不是因为他有死的肉身，甚至也不是因为他的日益发达的认知、计算和技术能力，而是因为他的道德和信仰的精神。

人尽管微小，还是能够在自己的生命尺度上生生不息，在自己有限的生活中活得有滋有味。不少人不想这些，就像《三体》中所写，许多人一生也不向尘世之外望一眼。像史强这日常生活中的英雄也基本上全是面对日常生活。他们是对的。当然，思考这些的哲学家或宗教家也是对的，甚至更对，但想过之后他们也还是要回到日常生活，他们大部分的时间也都在日常生活中处理其中的问题。我们可以扩大我们的控物能力，但我们的能力总是会有一个限度。我们不做完全在我们能力之外的那些事情，不做绝望的事情。

人是一种中间向上的存在，他的善端稍稍超过恶端一点，他的智端也稍稍超过他的愚端一点。但就像我以前曾经说过的，只要稍稍超过那么一点，就会很不一样——人的发展方向就会很不一样了，就会像天平似的决定性地摆向一端。至于人的善端和智端两者哪个更强，这就还有待于观察了。人的智端和控物能力虽然开始的发展过程比较缓慢，但也可能会越来越快，直至遇到危机。人对自己能力和知识的自信或自傲是属于智端还是属于愚端，还真不好说。至少它有一种加速的作用。

不管科技如何发展，我们所知宇宙的奥秘，地球上生命的奥秘，还有人的精神意识的奥秘依然存在。我们可以描述和解释这一过程，但无法解释其后的最终奥秘，经常只能说它们的产生极其偶然，是无数偶然条件的一个很不容易发生的偶然配合，就像《起源：万物大历史》的作者克里斯蒂安所说的“金凤花条件”。而这偶然同时也是个幸运，我们人类的幸运。这还只是我们所知的世界的奥秘。还有我们目前所不知道的世界的奥秘。更高的超验存在问题并没有消失，而只是推远，远到这之间有足够多的自然奥秘还需要我们的科学去发现和忙碌。

《三体》是一部迷人的科幻小说。但科幻毕竟是科幻，科幻的美好也主要在其奇妙的想象力。虽然它用星空的想象来质疑道德律在理论上是有意义的，人可以将各种条件在想象中推到极致来检验各种理论，但我认为这种检验并没有否定道德律的理论。而即便这种质疑有一定道理，在实践中也无甚意义。因为，按照我们人类的生命性质和尺度，我们主要还是在我们的生活世界中生存和发展。

现代伦理如何应对高科技时代

我们生活在一个高科技的时代。这一“高科技时代”是否依然被纳入“工业文明”的大范畴，还是将成为一个与之有别的特殊时代——比如名之为“信息时代”“智能时代”“数据算法时代”等，也许还需要再有一些时间才能看得明朗。但明显的是，科技的发展速度在最近数十年里又一次陡然加快，乃至比人类的工业化早期对农业文明的第一次大加速更快，有了不仅是倍数，有的方面甚至是指数的增长。

人类文明从一万余年前开始，用了约五千年时间，才筑就了日后政治文明与精神文明成形的物质基础，如最近成为世界遗产的良渚遗址中所见的稻作文明。但从近代工业革命以来，只用了不到三百年的时间就将世界的生产和财富总量增长了数十倍，而在近数十年，甚至可以说冲上了物质文明的某个顶峰。这速度可以说是一种飞跃。培根四百年前还在感叹此前2000多年的人类还主要在人文精神事务方面专心用力，而在探究物质的自然科学技术方面进展缓慢，那么，在人类的主要精力转向控物之后四百年就取得了如此巨大的成绩，培根重返大概也要感到吃惊。

文明的阶段常以不同生产工具的使用为标志。说一点个人的经验吧，近50年前，我在南方一所中学的农场里度过了一个农作年，从育秧、插秧、耘禾、双抢（抢收抢种），到又一轮循环，直到晚稻也入仓，我们所用的主要工具就是我们的手足、体力和犁耙，还有几头水牛相助和少量的农业器械：抽水机、打谷机等。这并不只是我们农场的特殊现象，也是当时农村相当普遍的情形。

今天作为一个学者，我使用的书写工具不仅早已从纸笔换为电脑键盘；获取资料和发表作品可以通过互联网瞬间收发；讲课可以使用多媒体，并通过音频和视频为成千上万的人所获知；到国内外访学可以有便捷的高铁、飞机等交通工具；一个小小的手机里就可储存自己和他人的大量书籍文字，还有网上海量的资料也可以随时调用，它还兼有电话、相机、电影院、音乐厅、博物馆等多种功能。

这些工具显然也不是学者才有的特殊待遇，而是今天的文化人可以广泛使用的。而目前的这一情景，是50年前一个在烈日下水田里劳作的孩子怎么也想象不出来的。就在这短短的50年里，一个普通中国人会感觉自己似乎跨越了人类过去数百年，在某些方面甚至是上千年的技术发展。

这里不想历数人类的科技发展成果及其所带来的经济成就，我现在关心的是现代伦理在这一巨变时代的应用，以及自身的调整和应变。和这一时代急速变化的科技经济和社会政治相比，伦理学的核心却可能是最不易改变的，最为守恒的，但它也不可能“以不变应万变”，它的形态、调节重心、内容和方式都需要发生一些重要的调整和变化。

不过，在谈到现代伦理对高科技时代的应变之前，我要先谈谈伦理学已经处在一种什么样的状况。就像现代社会对传统社会已经产生了一次质变一样，现代伦理相对传统伦理来说，也已经历了一次“应变”。经济技术的革命和人类社会走向平等的两大潮流汹涌澎湃，互相促进。平等的潮流要求社会平等地对待人们追求的各种生活理想和价值目标，或者说要求价值平等多元。这样，现代伦理就不可能再像传统伦理那样以某一种人生的价值目标或者生活理想为中心了。因为现在的各种生活理想、方式、趣味常被认为是价值相等的，这样，若强行以其中的一种，哪怕是其中一种相当高尚的生活理想作为社会的主导，就将损害到平等的自主。

这样，现代伦理也就不再以某一种价值或者说“好”来引领人的德性与规范了，而是在“好”（good）与“正当”（right）之间做出划分，它的思考重心也不再是人的全部生活，而只是这生活中与社会和他人密切相关、影响重要的那一部分行为。它主要考虑这些行为的正当与否，以及这种正当性的根据何在，如何遵循和制定相应的行为规则等。

立足于这种“正当”与“好”的划分，现代伦理学就出现了两个主要流派：一个是“道义论”（deontology），主张不再以生活的价值目标的良好与否为标准，而是以行为或行为规则的本身性质正当与否为标准来凝聚共识和建设社会伦理；它认为伦理固然要考虑到“好”，但“正当”本身具有一种独立性。这也就是从康德到罗尔斯的观点。另一个是“目的论”（teleology），近年也常被称为“结果论”（consequentialism），但如果从结果尚未呈现，而行动或行动的决策已经必须开始，即从行为选择而非事后评价的角度来看，叫“目的论”可能还是更为贴切——因为这时候“结果”还只是作为行动者的一种“目的”在其心中呈现，能否达到目的还不得而知。目的论者认为要以目的或者说结果来决定行为的正当与否以及如何行动。其最典型的理论是以“最大多数人的最大幸福”为目标的功利主义。

至于依然坚持以“好”与“正当”的紧密联系乃至合二为一，且以“好”为统领的观点则大致还有两种态度：一个是复古或部分复古的，如一些社群或共同体主义者的主张；一个是不断进步乃至激进的，如目前身份政治的一些拥护者。还有一种思想倾向则是在伦理学中始终存在的，但在近代以来特别流行，这就是道德相对主义的态度：否认任何道德规则具有一种绝对性乃至普遍性。

而无论对规则的性质、内容及其根据有何争论，现代伦理看来还是以规则为中心的。现代伦理的内容就主要呈现为一种规范伦理或规则伦理。近年网上流行的、假托胡适的一句话“规则比道德更重要”看来也反映了这种趋势。这句话大意是说，如果人人讲规则而不是谈道德和高尚，道德会自然回归，成为一个有人味儿的正常国家，反之则可能变成一个伪君子国。它的立意有相当的理由，但在语词上却有来自传统观念的误用，即将“规则”理解为似乎与道德无关的法律或礼仪规则，而将“道德”理解为一种价值要求上的高尚无私。说“规则即道德”会把一些与道德无关的规则误纳入道德范畴，但就现代伦理的主要内容说，“道德即规则”则大致可以成立。

我们现在就来讨论面对高科技的发展应该考虑的一些道

德规则及更一般的原则。今天面对迅猛发展的人工智能和基因工程等领域，一些国家乃至一些大公司出台了一些一般的伦理规则，这些规则看起来都不错，但多是美丽的大词，细究起来内容也相差不多。这些概括性的原则语词自然是需要的，但可能还需要深入具体，对一些专门智能机器的功能和使用制定比较具体适用的规则，包括明确一些准入或禁入的门槛。这样也能从具体规则出发来更好地概括出一般规则，帮助我们分出它们的轻重缓急乃至排列次序。

在对人工智能的各种公示的伦理规则中，我认为比起诸如公平、隐私、透明、共享、反歧视等伦理规则来，“安全可靠”还是第一位的，因为它直接涉及保存生命。现在我想以“无人驾驶汽车”为例，通过假设一个基本场景的各种变化条件来讨论可能的权衡，以及这些权衡后面的选择原则。高科技带来了一些重要的新情况，我们可能会将一些过去属于人类主体的功能——包括复杂的含有控制和指挥的功能——交给像无人驾驶汽车这样的机器，所以也需要考虑如何在新的情况下制定规则和思考原则。

我现在假设这样一个场景：一辆载有一位乘客的无人驾驶汽车奔驰在一条单线车道上，左边是用铁杆连着的水泥隔离墩，右边是一个自行车道。突然，有一只小狗跑到道路中间站着，无法以刹车来避免撞到它，这时应该怎么办呢？如果右边的自行车道无人，是不是应该让车拐到右边以避免轧死它？如果说是，那么，这后面根据的原则是生命至上，要尽量保存所有的生命。

但如果右边的骑车道上有一个人正在骑车，能不能往右甚至往左转向呢？假定往右拐就会撞死骑车人，往左拐则会造成车毁人亡，大概许多人会说不，只能照直行进，所根据的原则是人类的生命优先于动物的生命。

那么，以上假设的基本场景和条件不变，现在变换的一个条件只是：如果突然出现在道路中间的不是一个动物，而是一个人呢？还要不要转向？

同样是在保存生命的原则之下，我们却要遇到种种具体权衡的困境。

如果我们从后果出发考虑，还会有一个车内、道中、骑行三方人数不同的问题，如果说三方人数相等，就不用考虑数量这个因素了。但实际的情形则大多不是这样，而是千变万化。但为了缩小范围和让问题尖锐鲜明起见，我这里就只考虑 1 和 5 两个数来假定下面三种情况：

一种情况是道中 5 人、车内 1 人、骑行 1 人，无论左拐或右拐，能活 6 人而死 1 人，直行则活 2 死 5。一种情况是车内 5 人、道中 1 人、骑行 1 人，照直行进或右拐，也可以活 6 死 1，左拐则活 2 死 5。还有一种情况是骑行 5 人，道中 1 人、车内 1 人，照直行进或左拐是活 6 死 1，右拐则是活 2 死 5。

现在应如何抉择？[①] 是不是只考虑结果？但这里的结果只有两个是同样的，是不是还要考虑一些其他的原则？除了考虑保存生命的原则，以及考虑“受害人数量的后果”的从属性原则，我想这里至少还有两个从属性原则是需要考虑的，一个是“客体的事件相关程度”，一个是“主体行为的主动程度”。

从客体的事件相关程度来说，看来是突然出现在路中间的动物或人相关度最大，作为人来说，还先有了一种违规；其次的相关度则可能是汽车内的人，毕竟是他们在使用这一车辆；最后则是骑车人，如果发生了对他们的祸患，就有点

---

① 我对 20 位高中生的一个初步书面调查结果显示：在车内、骑行和道中三方均为 1 人的情况下，第一选项选择直行的有 18 人，选择左拐的 2 人。在道中 5 人、车内和骑行均为 1 人的情况下，选择直行的有 9 人，选择左拐的 2 人，选择右拐的 3 人，其余 6 人未选择。这次调查排除了“我”的因素，即预选择者不是这三方中的任何一人。当然，这里的未选择就像不给机器制定这种极端情况下的规则一样，也可能还是一种选择，即让汽车保持原有的直行方向。

像是“飞来横祸”。而从主体行为的主动性来说，则按照原来路线照直走自然是主动性最少，右拐和左拐主动性大概均等，但会有更重视车内人还是车外人的差别。

这些原则看来也需要纳入我们的选择考虑。我们可以回忆一下哈佛大学教授桑德尔有关“正义：如何抉择”的公开课视频中所举的一个系列虚拟案例：第一是“一个轨道列车司机，转动手柄，让飞奔的列车从原来有 5 个工人在工作的轨道转到只有 1 个工人的轨道”；第二是“一个人推下一个站在桥上的、能够挡住轨道车行驶的胖子，以救下前方轨道上的 5 人”；第三是“一个医生杀死 1 个候诊的人，移植他的五个健康器官来救活其他 5 个绝症病人”。这三个虚拟例证都是活 5 死 1 的结果，但如果说在第一个案例中还是有不少听众赞成或不反对司机的救 5 死 1 的转轨行为，越是后面的案例中的行为就越是遭到听众的反对，最后一种几乎被看成谋杀。在我看来，听众这种态度的变化恰恰是反映了我上面所说的另外两个原则被纳入考虑所起的作用：因为，越是到后面，客体（受害者）的事件相关度就越小，而主体行为的主动性就越大。

在上述无人驾驶汽车的例证中，看来也需要将这两个原则纳入其中考虑而不是只看结果。但是，对这一场景下的一些极端情形看来也无法给出完全明确的统一答案，或者说无法甚至也不宜制定太具体的规则。我设计这一案例并不是要给无人驾驶汽车定出明确的选择规则，而主要是想在此引出各种选择后面必须考虑的一些原则、因素及其权重。当然，考虑到这是一些极端的情形，对各种选择的问责事实上也不会那么严苛。

一些虚拟例证在现实生活中很少发生，但并不意味着就不会发生，尤其是一些程度稍低的类似情况。设计它们是要鲜明地呈现规则要处理的困境以及规则与更一般的原则的关系。也就是说，这些设计的主旨并不是要直接引出在这些条件下的无人驾驶汽车的具体规则，而是要提出问题、刺激思考、反省和澄清我们处理这些问题的一些一般原则及其关系。

具体规则往往联系着一些更一般的道德原则，其首要的原则是保存生命，生命至上。我想这是一个具有普遍性的原则，否则，这后面的思考和讨论就没有意义，因为它们都是置于保存生命这样一个基本原则之下。保存生命也会延伸到尽可能地保护动物生命，但一般人还是会把人类的生命看得优先于动物生命。有人可能会据此提出，如果人类自我的生命优先于其他的生命，那么，是否个体自我的生命也可以优先或至少稍稍优先于其他个人的生命呢？这是另外一个值得探讨的复杂问题，但也可以说是一个从属原则的问题。其他从属性的原则还要考虑行为的主动性程度、对象的介入程度、挽救生命的概率、面临危险的程度、能够保存的生命数量等。我们需要在这些从属性原则之间寻求一种平衡之道。

如何在汽车驾驶中减少车祸，保障人的生命安全是一直存在的严重问题。世界上每年在车祸中丧生的人数远超过恐怖主义袭击杀死的人数。相比于迄今的人类驾驶，人工智能的无人驾驶汽车带来的新特点是：这是一个和人类驾驶员不同的新的驾驶主体或者说代理人（agent），它和过去的一些不同程度的、辅助性的汽车自动驾驶装置还不一样（所以这里不说“自动驾驶汽车”，以免混淆），那么，在这种新情况下，承担主要责任的应该是谁？

其实，无人驾驶汽车的获取信息、迅速计算和动作反应的能力一般来说是超过人类驾驶员的，人不仅要受自身身体的理性反应能力以及人特有的情绪乃至冲动、赌气、愤怒、酗酒等非理性因素，甚至恶意杀人等因素的影响，在这种情况下，无人驾驶汽车不是可以增加对生命安全的保障吗？无人驾驶汽车可以比人类驾驶汽车有更多的遇到突发情况之后的操作选择。事实上，一般预计无人驾驶汽车即便发生事故，也会比人类驾驶汽车发生事故的概率要小。但为什么我们还是要严加限制，谨慎从事？这是因为驾驶中的主动权不再掌握在人手里，不再掌握在我手里（一个技术不如车内其他乘客的驾驶员也常常觉得自己开车更放心）？的确，如果无人驾驶汽车普及，这将是人类第一次大规模地将自己的身家性命交托给机器。

如果是一个低标准——无人驾驶汽车的事故率略少于人类驾驶汽车的事故率就可，这可能是一个不难达到的标准，人们如果愿意接受这一低标准的话，无人驾驶汽车大概现在就可以开始推广应用了。但只要它发生过几次事故（虽然人类驾驶的汽车事故每天都大量发生），人们就绝不会轻易放行这种推广应用。这种谨慎是有道理的。我们很重视我们的主体性。

谈到主体性，除了事先选择，就还有一个事后问责的问题，但无人驾驶汽车却使责任主体转移或者说不明确了，我想这也是目前人们对此非常谨慎的一个原因。对一个自然物无法问责，比如一块自然坠落的、砸伤人的山间坠石，你无法对它生气和追责。但如果这块巨石是一个人推下来的就不一样了。但对一种像无人驾驶汽车这样的智能机器，我们主要向谁问责呢？无人驾驶汽车的直接驾驶者是机器而非人，但最终的主体还是可以追溯到规则的制定者和汽车的生产者等人或者政府机构和公司。作为当前驾车主体的人类驾驶员千千万万，是会做出许多不同的选择的，问责也相对简单。除非原因是来自产品机械的设计缺陷，行车事故的责任主要还是会由驾驶员和违规人员来担负。

目前不管驾驶遇到的情况如何千变万化，事件都是和人直接相关的，是具体的人在选择。而未来为机器制定规则肯定是不可能考虑全部情况的选择的，它大概只能给出一种通用类型或者最多容有一些差别的几种类型，假设说在统一将保存生命置于最高原则的前提下，或许容有一些不同优先和权重的类型供用户选择："人类生命优先型""人类与动物生命并重型""救生概率优先型""救生人数优先型""车内人生命优先型""车外人生命优先型"等，这些都可供价值倾向有差异的用户选择。但我很怀疑可以容有这么多种类型选择。这对人性也可能是一个测试——但最好不要去测试人性。故而，是否能开放这些类型的选择肯定是大有争议，很难获准的。然而问题又在于，如果完全没有用户选择的自由而只有唯一的一种通用类型，那么用户看来就没有多少责任，责任就将主要集中于设计规则的组织机构和生产汽车的厂家了。

问责总是与选择自由有关，责任是来自选择的责任。选择越是自由，可能性越多，责任也就越大。具体到无人驾驶汽车来说，这里可能会有三个问题：一是要不要设计价值取向方面的多重类型；二是要不要设计一些极端情况的选择规则；三是要不要在紧急情况下让无人驾驶汽车能够转归人类驾驶员驾驶。

对第一个问题，如果回答是只能设计一种通用类型，那么使用者就可能没有多大责任。当然这里还要区分使用无人驾驶出租车的乘客与购买无人驾驶汽车的用户。前者应该是没有什么责任的，就像坐人开的出租车的乘客对出租车发生的事故一般没有什么责任（除非他影响到了司机）。但购买无人驾驶汽车的用户却可能还要负有某种责任，虽然这种责任应该是比无人驾驶汽车规则设计者和生产厂家小得多。这较少的责任来自他选择购买了无人驾驶汽车，这意味着他认可了为这种车制定的规则，他也享用了它。

对第二个问题，如果说制定规则不考虑突然出现的极端情况（对何谓"极端情况"自然也还需要定义），那么就是遵循交规按原来的方向行进了。但是，如果出现上面所说的那种道路中间突然出现一个人或一个动物，而右边骑车道又完全没有人的情况，我想人们一般不会反对给机器制定这样的规则：在这样的情况下汽车可以临时违规驶入无人的骑车道以避免毁灭道路中间的生命。

对第三个问题，如果说是在上面所说的突然情况下转归人类驾驶可能没有意义和可行性，因为那时人类的反应速度和灵敏度还不如机器，但这或许是可以指通过一段复杂道路和面临持续的比较危险的气候（比如暴雨、降雪）的情况下，预先能将驾驶权交给人。

上面已经谈到过，我设计上述例证的主旨并不是要为制定规则提供直接依据，而是希望提出问题，呈现制定规则中的紧张性，以及规则与原则的意义。而许多具体抉择是需要在法规制定后面的道德原则的层次上进行充分思考和讨论的。

无人驾驶汽车已经在各国的一些公司有许多实验，个别公司在局部地区提供了试验性的无人驾驶出租车服务，虽然还没有投入真正的规模应用和作为商业产品销售，且对迅速大规模投入应用的期望值已经从高峰跌落，但这一天看来还是要到来的。而要进入真正的应用，肯定需要预先制定一些以伦理为基础的法规。2017 年 6 月，德国公布了全球第一个针对无人驾驶汽车的道德规则。哪怕它还不完善，很可能还需要修订，但这种预先防范的努力是可赞许的。这些规则包括：保护生命优先于其他任何功利主义的考量，道路安全优先于出行便利，必须遵守已经明确的道路法规。无人驾驶系统要永远保证比人类驾驶员造成的事故少。人类生命的安全必须始终优先于对动物或财产的保护。为了辨明事故承担责任方，无人驾驶车辆必须始终配置记录和存储行车数据的“黑匣子”。不得对必须在两个人的生命之间做出选择的极端情况下进行标准化设定或编程。法律责任和审判制度必须对责任主体从传统的驾驶员扩大到技术系统的制造商和设计者等这一变化做出有效调整。当发生不可避免的事故时，任何基于年龄、性别、种族、身体属性或任何其他区别因素的歧视判断都是不允许的。虽然车辆在紧急情况下可能会自动做出反应，但人类应该在更多道德模棱两可的事件中重新获得车辆的控制权等。[①]

当然，这一法规中的规则仍然可以说还是一些比较一般的原则规范，但它们强调了保障人的生命安全高于一切，高于功利，高于便利，高于财产，也高于动物的生命。尽管这一法规肯定还需要在某些方面细化，也还需要不断结合道德原则和现实进展情况进行重新审视、补充和修改。但它的确

---

① 可参考何姗姗文（http://www.ftchinese.com/story/001074387?page=rest&archive）；张晓飞文（http://www.sohu.com/a/231662985_507370）。

提供了一个宝贵的可供讨论的样本。

我们还不要忘记，我们这里的确是在为一个比我们得到信息更多、计算更快、动作更灵敏的机器在设计规则乃至引入人类的价值观。它们在某些方面比我们更能干，但总体上并不比我们更智能。它们是专门化的工具，只用于汽车驾驶，可以担保不会发展为总体上超越人类智能和综合性的自我意识的超级智能机器。我们对它们的规则设计可以奏效，它们没有会滥用或颠覆这些基本规则和价值的危险。而如果我们是面对一种可能发展为具有全面功能，包括控制和指挥其他智能机器，乃至最后控制人的超级智能机器，我想我们大概是不能将有可能促进其自我意识产生的因素输入给它的。我们在这方面要慎之又慎，宁愿让机器在这方面“傻”一点。

同样是聚焦于生命安全问题，现在我想提出另一个可供分析和讨论的个案：直接涉及对暴力和强制手段的反应和使用，但目的是保障人的生命安全的智能机器。也就是说，为了一个良好的目的，为了一个保障人的生命安全的目的，是否可以生产具有暴力和强制功能的机器人——比如机器战警、机器保镖和有暴力功能的机器保姆？我们要不要这样的有力帮手？如果说不能要，是出于什么样的理由？人自己不是也在大量地使用暴力和强制吗，为什么不能接受机器为了保护人而使用暴力和强制？

有关行使暴力的智能机器，据说已经有数十个国家正在秘密研制战争中可以使用的暴力机器，有些甚至可能已经开发成功。但这个问题我们暂且不谈，这是一个涉及国际关系的悲哀话题。我们现在还是先集中于讨论可能在一个国家内部使用的——包括可能民用的——具有暴力或强制功能的智能机器。

第一种是机器警察。我这里不是指那些功能很有限、纯属防御性且其行动是由人直接指挥而非自主的智能机器人，比如能够排除定时炸弹的机器人，我这里所指的是一种“机器战警”，即是和人类警察一样，配有各种武器，甚至还有自己更独特、更强大的武器或火力的“机器警察”。这和电影《机械战警》中“人心机身”的警察也还不一样，它们是完全机械的装置。有这样的警察初看起来不是很好吗？它们能力超人、钢筋铁骨、不怕损失、没有私心、不受感情影响，能够高效地执行除暴安良的任务，不正是一种人们梦想的“完美警察”吗？

第二种是可供个人使用的、具有暴力和强制功能的机器保镖。它不是掌握在政府手里，而是掌握在个人手里，为具体的个人服务。这样的“机器保镖”就比较容易被我们否定了：如果一个想作恶的人获得了这样的机器，不是非常可怕吗？的确如此。当然，这样一个否定的理由也可以在某种程度上用于上述“机器战警”，因为政府中的一些个人，乃至一些机构，甚至有时是整个政权机器，也可能滥用或误用这种智能机器。但无论如何，这里是有更强有力的理由排除“机器保镖”的生产销售的，因为，善意的用户有了它们固然可以增加自己安全的保障，但恶意的用户杀人越货也就有强大的帮手了。

第三种比这复杂一些的情况是“机器保姆”。机器保姆可以用来照顾越来越多的老人、病人乃至孩子，肯定会是未来的一个很大的应用领域。但是否能让它们具有暴力和强制的功能呢？使用这些机器的人一般是弱者，假设有歹徒入室侵犯用户，让不让机器保姆拥有这样的功能——让它们面对歹徒的暴力，能同样使用暴力制服暴徒？或者，从比这温和的方面说，让机器保姆具有一种强制功能，比如在判断某些老人或孩子的行为将对其生命健康造成严重伤害的时候，采取某些强制性的措施，比如关闭房门或限制行动，让人暂时成为“机器的囚徒”？

的确，在一些具体的情况下，如果机器具有这样的功能，在一时一事中大概是能够有效发挥作用的。但是，如果让这成为普遍功能，这些功能也同样有可能被机器和掌握这些机器的人误用甚至滥用，那么，从全面和长远计，就可能还是以没有这种功能为好。尤其是当作为中枢的智能机器一旦突破人的控制，变得比人更聪明并具有自我意识，它就可能独立判断、使用和指挥众多的暴力机器达到自己的目的。

所以，首先是在民用领域，国内领域禁止开发和使用这类机器，也包括争取推广到国际领域，像制定类似于禁止生化武器、细菌武器的国际公约一样，制定禁止或严格限制人工智能的杀人武器的国际公约是很有必要的。人类不去发展具有暴力功能的自主智能机器，这是一种“防患于未然”。因为它们和人类已经发展出来的其他战争工具和杀人武器还不一样。那些武器（比如核武器）还是处在人类的直接指挥和控制之下，而智能杀人机器具有一种自我学习能力，具有某种程度的自主性，它还可能具有完全的自主性。我们禁止它们可能会因此失去某些具体情况下强大的安全保障，但为此获得的一般情况下的安全系数却会更大。

当然，这并不是说人工智能机器不能在保障安全方面帮助我们。去掉机器的暴力攻击和强制功能，它们还是可以成为保护人的安全的重要工具。比如一个不具有暴力和强制功能的“机器保姆”，无疑还是可以被设计为具有监测和报警功能的，这样也可以威慑犯罪者和保护用户。但如果我们在这方面放开或放任这些暴力功能，就很可能会遇到难于测知的重大后果。

由此我也就想转入讨论高科技时代对现代伦理提出的一种新的重大挑战，那就是它所带来的“不可预测的严重后果”。那就是：我们做的许多事情看起来是好的，是探索物质世界，增长人类知识，甚至是试图造福人类的，但是由于技术达到了如此高端的一个程度，它的结果却常常是我们无法预知的。一些严重的恶果将可能和好的结果偕行，乃至超过好的结果。还有些实验甚至将可能打开“潘多拉的盒子”。[①]

比如说，未来将有计算速度极快、掌握数据极多的量子计算机出现，它可以解决许多的计算难题，它也能破解世上

---

① 以贺建奎的基因编辑婴儿为例，这里且不谈这种所谓“突破”的实验将容易带来的难以预测的一般性严重后果，就以其自称的他编辑胎儿身上的CCR5基因是为了免疫艾滋病而言，据2019年6月3日美国加州大学伯克利分校Rasmus Nielsen及Xinzhu Wei在*Nature Medicine*在线发表的研究论文，作者根据英国生物银行的409693个人的基因分型和死亡登记信息，发现对于CCR5-Δ32等位基因纯合的个体，死亡率增加21%。这警示我们，即便某种基因编辑对抵抗某种疾病有效，却容易感染其他的疾病而造成更高的死亡率。参见https://www.cn-healthcare.com/article/20190604/content-519856.html。

所有的加密方式，那么，假如第一台这样的计算机掌握在不怀好意或过于贪求自己利益的机构或国家手里，就可能造成很大的金融动荡以至社会危机和政治危机。又如合成生物将制造出许多新的便利科技产品和治疗疾病的良药，但是，合成生物也有可能带来生物武器和难以控制的入侵物种等巨大的危险。再如基因工程、克隆技术，它们有可能增强人的生命的各种能力，延长人的寿命，但也可能带来基因编辑婴儿和克隆人的危险。还有像一些高科技的发展可能带来大规模的失业；大规模的、全方位的安防监控，将可能侵犯人们的隐私，让边沁所设想的全景监视不仅用于监狱，也用于整个社会；还有像能够制造出几可乱真的虚假音频和视频（深度造假 Deepfake）的技术，就可能摧毁好人的声誉和影响到司法证据等，不一而足。

有科学家说，人工智能等高科技的发展目前还都在可控范围之内，就公开显示的而言，我基本同意。还有的科学家认为，现在的人们可能高估了人工智能的发展速度，未来的二三十年都不会有发展出超级智能机器的可能或者说出现大的危机，这也很好，我甚至希望这个时间再能延长到五六十年、上百年。但是，文明不仅要考虑十年大计、百年大计，还有千年大计。考虑到这几十年科技的飞速增长，以及各种意外发现的可能，以及下面将要谈到的人类现代文明的一个基本矛盾，人类就不能不未雨绸缪。

相对于其他动物来说，人的优势就在于：人是有意识，从而能够有预期和计划的动物。这种预期与计划主要是建立人对结果的预期之上。在高科技时代之前，人虽然也不能完全地预测其行为的结果，但大致能够预测这结果的方向或者说性质。然而，进入今天这样一个迅猛发展、不断变化的高科技时代，人们行动的后果不再像以前那样容易预测了，而负面的后果可能比正面的成果更难以预测。而这后果一旦发生，又是相当严重，有时甚至是不可逆转的。

因为这些不可预知的后果的紧迫和重大，我们也许就需要一种预防性的伦理和法律，也就是说，为了防患于未然，我们还要考虑如何对人们行为事先的动机和欲望有所限制，而不仅仅是在行为过程之中进行防范，和在行为结果之后给予惩罚。

这样，面对"不可预知的严重后果"，现代伦理的两大流派——道义论和目的论——就都有一个在行为的过程和结果出现之前就预加防范的任务。道义论就不能满足于只是在行为规范和过程的正当性上严防死守，而是也要考虑对行为动机要有有效的遏制；目的论也不能满足于只是抱有良好的目的并进行后果的评价，还要审视自身的目的动机，并谨防使用不当的手段来达到目的。

从整个人类进入了一个高科技的时代看，我觉得似乎可以将目前人类文明的一个基本的、持久起作用的矛盾概括为人类不断快速增长的控物能力与自控能力的日益不相称。控物能力就是指人向外用力，对外物有办法，这也就表现为科技和经济；自控能力就是指人向内用力，对自己有办法，这也就表现为精神和道德。科技的发展目前看不到什么限度，或至少说还有非常广阔的空间和提升的可能，但是，道德的发展却会遇到人性的瓶颈，即人不可能成为天使。并不是说现在的人就比以前堕落了，道德严重滑坡了，而是说只要人的道德自控能力不可能普遍提升到一个很高的程度，那么，他所掌握的越来越大的控物能力也就越来越危险。人希望达到全能，但他却永远达不到全善。人的这两种能力的不相称是一个根本的、近代以来始终存在，日后还很可能加重的矛盾。

而造成这一基本矛盾的原因，一方面是人对物质和身体的各种欲望在近代以来一直得到不断强化，平等释放了各种欲望，而物质的欲望渐渐成为主流，好新骛奇还在不断开发和刺激新的欲望；另一方面则是人类精神的注意力也转向了物质，本来可以驯化和节制欲望的各种制度和精神文化因素也在不断弱化。

那么，我们对现代伦理所期望的也许还有更多，即还希望正当与好、规范与价值、道德与信仰的确能有一种比此前的现代更紧密的结合，从而不仅让精神能够对道德的规则有一种更强有力的支持，而且能帮助人们更注意生命的丰富和一种不那么物化的幸福观。

影响战争的距离

影响战争的有“物质”的因素，包括战争各方的地理环境、国土面积、位置、人口、经济实力、武器装备等。影响战争的也有“精神”的因素，诸如荣誉、恐惧、欲望、文化和价值观以及信仰、意识形态等。这些因素在现实中自然是交织在一起起作用的。但在理论上则可以有所侧重和分离，以便进行分析和给予强调，像一百多年前兴起的“地缘政治”的理论是比较强调“物质”因素的重要性，20 世纪的冷战两大阵营是比较强调“精神”因素的重要性。冷战结束之后亨廷顿提出的“文明冲突论”有时也被划为“地缘政治”一类，但“文明”的概念可能是结合了“物质”和“精神”的两方面因素。

这些因素是在影响战争的哪些方面？当然，首先是战和，是发生还是不发生冲突与战争？其次是敌友，除了主要的敌对双方，还有各自的同盟关系，各自能够争取到什么盟友或至少让某些方保持中立？最后是战争的胜负，是哪些因素决定了一方的胜利或者失败？当然，有时战争的结果也是妥协和平局。

在一个更广大的意义上，我们还可以问，上述“物质”的因素和“精神”的因素对“政治”有什么影响，哪方面的因素影响更大？这里可以把“战争”像克劳塞维茨那样理解为一种“流血的政治”。在智人形成乃至文明的初期，可能还是物质的因素，尤其自然环境的因素对人类的影响更大。从一种开端和长久的角度看，地理环境决定论有它的真实意义：地球对人类、各个文明和国家所处的地理环境对这些文明和国家有着巨大而持久的影响，构成一种基本的限制，尤其在开端时期。但是，在雅斯贝尔斯所说的“轴心时代”之后，由于各个文明的精神价值取向起了一种韦伯所说的“导向器”或“转辙器”的作用，则各个文明的发展又有了很大的差异。

我这里想提出一个可能跨越单纯物质与精神的划分的影响战争的因素：“距离”（distance）。

当然，这一概念首先还是属于“物质”含义的，而且是那些不太容易改变的物质因素，也就是说自然地理的距离。

然而，我后面也会谈到“距离”在心理乃至伦理方面的一些引申含义。

衡量地理的“距离”的尺度是“远近”。但“距离”似乎又不仅是一个空间的概念，也包含时间的因素。也就是说，这种距离不仅是指直线的、平面的距离，还可以包括穿越这空间的距离需要花的时间——比如遇到山脉、江海等不能直线穿越的自然障碍，这里似乎同样的直线距离就和平原上的直线距离大不一样，事实上的距离也就远了。还有一些古代的人们很难通行甚至不可逾越（至少大部队不可逾越）的、构成“天堑”的距离，比如雪峰连绵的高原、辽阔的沙漠戈壁等。距离遥远对商业贸易不利，但对预防战争却可能是有利的。

另一个时间影响空间距离的方面，也可以说是主要的方面，则是通过人为的技术，这也是特别指现代技术。地理的距离还在，还是千里或者万里，还是江山湖海，但借助机动车辆、航船、飞机、导弹等手段却可以迅速穿越这一距离，让人员或者武器到达目的地。而争取到了时间也就争取到了空间，缩短了时间也就缩短了距离。

我在此中想强调的一个观点也就是：正是因为近代以来迅猛发展的技术所带来的战争手段和武器的发展，带来了地理距离的日益趋近乃至消失。技术是直接造成战争形态变化的主要原因。

“距离”还意味着“边界”。“边界”之内是一个个群体的“生存空间”。“生存空间”的概念曾经因为被纳粹理论家应用而被蒙上恶名，它在那种应用中实际上是“扩张”的代名词。这个概念也可以在非扩张的意义上使用，但是，就和类似的“安全空间”“安全系数”概念一样，各方所理解的、自己所必需的“生存空间”和“安全系数”的范围是不一样的，很容易出现互相交叉，伸展到对方空间的情况。

我这里想从古代中国的历史，说明一下“距离”对战争的影响。

从西周到战国，有一个似乎是历史之谜的过程：为什么在西周分封诸侯列国之后，近百个国家在数百年里虽然有大有小，有强有弱，竟然基本上相安无事，没有发生什么大的战争？而这一基本和平的状态为什么在春秋时期开始被打破？但是，春秋时期的战争，还多是惩罚性的而非吞并性的，到了战国时期，则常常是动辄数万人乃至数十万人参加的战争，力求消灭对方的国家的、这种持续两百多年，不仅诸多小国被灭，剩下的七个大国也在久久相持之后，在最后的十多年里，其他六国被秦国摧枯拉朽地消灭，从而建立了一个统一的秦朝。

这一开始是持久和平，后来是持久战争的过程自然有多种原因。而我这里想强调的一个原因就是“距离”。首先是客观的、地理的距离。那个时代大部分地区还是地广人稀，西周天子开始分封诸侯列国的时候，其实更重要的是“授民”而非“授土”，也就是说，给予被分封的诸侯以一定的人口，或是划定的土著，或是带去的族人，这样，在某种意义上，封国也就是一种武装殖民或开垦。这样，各国之间相距都比较遥远，甚至没有很明显的边界。“得人”其实比“得土”更重要，这就要靠一种软实力而非硬实力，靠一种吸引力了。周朝统治者的祖先其实也是这样，因为他们的仁政，他们走到哪里，老百姓往往就跟到哪里。而那时的技术也还影响不到多少战争，那时有弓有剑，也有坐骑和战车，但相当笨重和昂贵，机动性不强，很难克服地理的障碍。那时战争的形式也还具有骑士的风度，战争的规模也不大。

西周时代的诸国在地理格局上与古代希腊城邦的格局相似，但不同的是西周时代的封建诸国上面还有一个天子，这倒和欧洲的封建社会——在各邦之上还有一个国王比较接近，但又有不同的是，西周的分封格局还加进了远为浓厚的“亲亲”因素。用王国维的话来说，西周建国的政治原则与伦理原则是合为一体的，这就是“尊尊、亲亲、贤贤”。

也就是说，西周的列国其实也还有一种心理的乃至伦理的约束。这或许也可以说是一种“距离”。但如果说地理的距离是“远”，这心理的距离却是“近”了。西周分封的诸国多是自己的亲戚，且多是有着血缘关系的亲戚而非姻亲，更重要的是，西周开始大大增强了一种“亲亲”意识，甚至可以说是将“亲亲”的宗法作为立国的精神与制度之本。各国的统治者也交往比较密切，常常在一起聚宴，观乐赋诗。他们之间也比较讲究“信义”。出兵必须“有辞”——说出理由，另外也还有一个舆论空间——“有言”。当然，根本上也还有一种垂直的政治距离在起作用，这就是“周礼”。所有的国家还是共同尊奉一个天下的共主——周天子。各国的等级以及国内的等级还是比较分明，一般不得逾越。

但后来，随着各国经济的发展与人口的繁盛，本国的土地就不够用了，他国构成诱惑的资源也多了，也就开始了争斗。不过，春秋时期的战争，即便某个强国夹有自己的私利，也还常常是以天子的名义进行征讨和惩罚。而心理的亲疏远近也还存在，“非我族类，其心必异”，同姓的国家亲于异姓的国家，但猜疑和畏惧也开始不断滋生和加强。到了战国，地理的距离就变得更近了，边界犬牙交错，并随着强弱的态势不断变动；心理的距离则变得越来越远了，伦理的约束也是越来越松弛，直到各国变成了完全独立自利的国家，亲亲的纽带极其微弱，互相之间越来越缺乏信任，欺诈和暴力成为谋求胜利的主要手段。

在战国期间，无论是地理还是心理的距离就都是在强化战争而不是弱化战争了。地理位置和距离还影响到敌友关系和战争的胜负。当时的七国，秦国在西边，齐国在东边，中间从北到南是燕国、赵国、魏国、韩国和楚国。秦国是后来崛起的国家，国力越来越强，它要夺取其他国家的国土，实行的是“远交近攻”的策略。当时的士人是可以在各个国家之间流动服务的，于是国际上出现了两派策士：一派是主张“合纵”，也就是中间的几个国家联合起来对抗秦国。一派是主张“连横”，也就是秦国联合其中的一两个国家或至少争取它们的中立，集中力量攻击一个国家。而战争的结果是西边的秦国一个个地削弱他国，最后灭亡了其他六国。在中国的历史上，大多是西胜东、北胜南。

如果将“距离”也引申为一种政治距离、垂直距离，传统中国的社会（恐怕也不仅是传统中国，而且是传统世界的相当大一部分）的统治也可以说是一种“通过距离进行统治”的社会。官民两分，君臣两分，但的确，中国的官民两个阶层虽然差别悬殊，下层民众中的秀异子弟是可以通过推荐选拔和自愿考试进入官员阶层的。两个阶层之间存在很高的垂直流动性，大概百分之五十以上的官员都是来自以前三代没有人做官的家庭。但一旦农家子弟成为官员，官员和平民的差距也是非常大的。而这种垂直的距离和平面的距离，或者说政治的距离和地理的距离也是可以结合的：平民不易接触到官员，官员也不易接触到君主。深宫大院增加了老百姓对权威的一种顺从和神秘感，但“天高皇帝远”也给了老百姓相当大的一种“生活空间”——今天人们会说这是自由。

无论如何，在秦以后，像西周的那种列国之间的数百年持久和平的情况是再也没有了。只要一个强国有大大超越于邻国的实力，就很难避免它去侵犯乃至征服其他的国家了。在此，秦王朝统一中国之后实行的“车同轨，书同文”的政策也起了很大的作用。“车同轨”缩小了交通的距离，而“书同文”更是缩小了文化的距离。即便在分裂时代，人们也怀着统一的梦想，加上君主个人权力的欲望，一有机会也就会实行这一梦想。就像强大的北宋准备对南唐发难，南唐的君主派使节去问：我们毕恭毕敬地侍奉贵国，为什么还要打我们呢？宋太祖只是简单地回答说：“卧榻之侧，岂容他人酣睡？”

人口也是改变距离的一个强有力的因素，不断增加的人口会使人们和国家越来越接近。中国在两千年前的汉朝就已经有五千多万人了。中国的中心地带是几大平原，是容易来往的。而它的东面是大海，西面是雪域高原和大面积的沙漠戈壁。这种遥远且构成“天堑”的距离，就使得中华文明长期在一个与世界其他几大文明比较隔绝的格局中发展。中国在历史上的威胁主要是来自北方，因为北方游牧民族有能够极大克服距离障碍的强悍骑兵，能迅速发起攻击，也能迅速地远遁。西汉的名将陈汤曾经长途奔袭，杀死了匈奴的一个强大部族的首领，并说出了“犯我强汉者，虽远必诛”的豪语。但总的说，处在北境和西陲的、具有高度机动性的游牧民族还是居于更主动的地位，它们早期常常使得边境战事不断，乃至造成分裂的局面，后期的元朝和清朝则是征服整个中国。

在古代世界冷兵器作战的时代，最能克服距离障碍，最具有机动性的大概也就是骑兵了。全民皆兵的蒙古人甚至打出了几个跨欧亚的大帝国。但是，真正使距离对战争的影响大幅降低的还是近代以来发展的技术。是现代技术大大地缩短了地理的距离，弱化了地理的屏障。开始是能够脱离身体的武器——枪炮，替代了不脱离身体的武器——长矛大刀，后来是军舰、潜艇、飞机、航母等，克服通信距离的技术则还有电报、电话，直到今天的超级网络和各种先进的通信设备。我们可以大致看到这样一条发展的线索，即武力的重心从陆地发展到海洋，然后又发展到天空乃至太空。

这种武器的速度和空间的不断增扩，机动性的不断增长，也是一种不断地对距离的超越。尤其是到了天空，更不要说以后也可能发生战争的太空，简直就是试图在完全消灭距离和边界的东西。空权变得越来越重要，各种可以携带核弹头或常规弹头的远程、中程导弹越来越发挥关键的作用，不管这些导弹是空基、陆基还是海基，或者打击的目标在空中、海洋还是陆地，重要的是它能最有效地克服距离。导弹发射点的流动性也越来越比隐蔽性更重要，或者说，这种流动性才是一种真正的隐蔽性。当然，各种预警系统也在发展，试图在争取时间或者说捍卫空间，但盾似乎总赶不上矛的发展。

在某种意义上，甚至可以说，一部战争技术的进化史，尤其是武器的进化史，也就是一部不断缩短距离的历史。武器不断脱离自己的身体，不再以自己的身体为动力源，个人的“武艺”和勇敢变得越来越不重要。

但是，军事技术能大大缩小地理的距离，却并不能够缩短人们文化和心理的距离，不能缩短人们的价值观的距离。

地理、通信的距离“拉近”并不一定就意味着心理、价值观念距离的“拉近”。

所以，一个客观而严峻的现实问题是：技术的如此飞跃发展，让我们还剩下什么来制约战争？过去，地理的距离的确可以构成一种地球上人类的安全屏障。在采集和狩猎的远古，诸多群体往往生活在一个可以依靠距离来共存的地域，一个群体如果打不过对方，它还有可能迁徙到远方，重新建立自己的生活空间。人类在进入农业文明的时代之后，群体的规模扩大了，内部的平等减少了，但内部的和平也增加了。而对外部，一个文明或国家也有可能依靠天堑和遥远来谋求自我的生存与发展，而且，各个文明也还可以此伏彼起。但是，在全球化和技术高度发达的今天，任何一个文明和国家都不可能自外于这个世界了。

在这样的情况下，我们如何维护一种国际和平？我们可以说，我们现在是实际享有着一种“星际和平”，在浩瀚的宇宙中，很可能还存在其他的外星文明，乃至超过地球人技术水平的外星文明，但由于距离极其遥远，乃至互不知晓，我们并不怎么担心“外星人”的攻击，因为这方面还有距离的保障。但地球却越来越是一个“地球村”了。正如海德格尔在他 1949 年的不莱梅演讲中所说：技术使“时间和空间的一切距离都在缩小”。但是，这种距离的匆忙消除并没有带来任何“切近”，而是带来一种没有间距的“同样”。处境同样，价值欲求同样，但又是分立乃至对立的政治群体，加上还在不断发展的新兴战争武器和技术，如果它们不惜一切代价地竞争起来，结果就是相当可怕的。

那么，人类还能指望什么呢？虽然经过了核裁军，但今天也依然还有数千枚核导弹几乎可以说是零距离地悬在我们的头顶，足可以多次毁灭人类。要减少核武器的威胁，我们除了应该减少敌意，还要减少误判和扩散。战争和备战不断刺激新技术的发展，许多新技术正是因为战争的原因而加速发明出来，随后才转为民用，而和平年代发明的技术也在不断进入军事的应用，比如应用了人工智能的武器——无人机、杀人蜂，还有日后可能发生的太空战等。所以，我们未来所能依靠的，看来也就只能越来越多地是一种人类自我克制的精神和伦理了。

后　记

在这篇“后记”里，我想简要地叙述一下我思考本书所考虑的问题的缘起，也谈谈我理解这些是什么性质的问题；高科技的挑战是不是真实的危险；人在应对这些挑战方面可以有何作为；或者如人们常说，人类总是可以大有作为的，但这作为是不是也需要在方向上有所调整。而隐藏在最深处的一个终极和底线的问题可能是：如果我们在应对挑战方面完全无所作为，甚至走错方向，人类还会有未来吗？或者说会有怎样的未来？

我在 2017 年以前对技术问题并没有特别的关注，写过一篇《战争手段的发展与道德理性的成长》，做过一次“对这个世界的失望与惊奇”的讲演，也在主编《生态伦理》中了解到某些技术对生态环境的严重影响，但并没有做过专门的研究，甚至很长一段时间里不喜欢看科幻电影和小说，因为觉得那太虚幻，而现实生活中有许多紧迫的问题，直到后来认识到：技术才是我们时代的“最大真实”。

专门的思考开始于为2017年世界哲学大会启动仪式召开的学术研讨会准备论文，因为会议的主题是“学以成人”，而当时正逢机器的自我深度学习见出成效，还有阿尔法打败了人类的世界围棋冠军等事件，使我觉得似乎机器倒是在努力“学以成人”，当然，只是努力“成人”的一个方面——智能。因此开始阅读相关书籍，努力思考人与物，古代人和现代人作为的差别，警觉到近代以来人们精力投向的一个根本转折，就是开始了以驾驭物质和技术为主导的价值追求。而这种追求如果越来越强，一意疾行，有可能导致在推进文明的同时也走向文明衰退。

而我自己的经历可能也对我转向关注技术的飞跃与文明的命运起了作用。作为一个在乡下长大的孩子，从童年到“文化大革命”初失学的几年，经常去捡柴、抓鱼、采摘。高中的时候先是认真地务农一年，然后是泛泛地学工一年，接触到了一些不同的农活和工种，然后当兵十年，再进入大学读书，20世纪90年代开始就进入大家现已熟知的生活了，使用日益更新的电脑、手机，也开始游走世界。

像我这一代中国人，可能几乎都有这样一种相当长的文明史的体验：从农业文明到工业文明，再到今天的高科技文明，甚至最前面还有一个“采集狩猎”的阶段。一个人在几十年间似乎就走过了人类上万年的文明历程，尝试过文明各个阶段的滋味。

因此，可以说，我这一代人可能会更加明显地感觉到我们这个时代的变化之大和技术文明的发展速度之快，而且是越来越快。人类自然科学的兴起和繁荣也就四百来年，与科技紧密结合的工业革命的兴起还不到300年，而目前最有力地推动着我们的经济发展和社会改变，也最影响我们的日常生活的那些新兴高端技术如现代信息和医疗技术，它们的诞生和飞速发展甚至大多还不到100年。

我最初的感觉是惊奇乃至惊喜，直到现在我想我也还保留着一种对新技术的强烈好奇。但是，对发展如此之快的经济、对我们生活具有如此笼罩性影响的技术将把我们带向何方，我的心里却同时也生起一种越来越大的隐忧。尤其是看到人工智能包含着一种产生超越于人的智能的机器的可能性、基因工程包含着一种改变人这个物种或干脆创造一个新物种的可能性的时候，我就更感到不安了。当透过各种技术的可能性深察技术本质的时候，我开始感到畏惧。不再是国家，也许技术将变成一个远比国家更巨大而强有力的“利维坦”，我们将由它全面照管，但可能也要将权利乃至主体性全都交出。

有关技术及其与人的关系问题不是仅仅和某个国家，甚至某个文明有关的问题，而是和整个人类及其全球化文明有关的问题。这首先是人类的控物能力与自控能力是否相称的问题。打个比方，人类今天发展出来的高端技术似乎有点像孙悟空手里的金箍棒，这根金箍棒能够越变越大，越变越威力无穷。但是，拿着这根棒子的人却不是孙大圣那样的神灵，而就是一个人，当金箍棒变得很大很沉的时候，他就几乎举不起来了，更谈不上挥洒自如。他如果要拼蛮力使用，就很可能伤毁自己。而且，他只知道怎么将它变大，却不知道怎么把它变小（今天的技术可能停滞或倒退吗？），不能像孙悟空那样可以将其收缩自如，乃至塞入耳中，一切恢复原状。而这根金箍棒又还是这人的唯一生存之道乃至唯一乐趣，它既是工具，又是武器，还是玩具，他离开它还没法生活。而这金棒子会随意变化，看来也通点灵性，最后大概会鄙视这个人，乃至取而代之。

人类的技术发展出巨大的，在地球上几乎可以说是颐指气使的控物能力。假如人类能够同时在道德和精神上无限成长，人能自己变成圣洁的神灵，那么，他拥有这些能力、并继续无限地发展这些技术大概也并不可怕，但人类虽然可以改善自己，提升一些自己的精神和道德能力，但人并不是无限可完善的。人就是人。人永远是一种中间的存在。我们也许还可以补充说，人还是一种中间向善和向上的存在，但人却永远不会是完善的神灵般的存在。人要成为神灵尚且不可能，要成为不仅全知全能，而且全善的上帝就更不可能了。

所以，我个人以为，人类实实在在地面临着一种来自技术的巨大挑战和危险。许多人可能会持有不同的意见。谈到人类可能面临的危险，一种意见大概会说："人类可能遇到的毁灭性灾难还很远很远呢，我们为什么还要为此忧心？"比如说人们早已知道了热力学第二定律，地球和太阳系终将毁灭，人类将有自己的终点。但这没什么可怕的啊，这些自然的灭寂无疑还极其遥远呢。甚至比如彗星那种毁灭性的偶然打击虽然也有可能提前发生，但概率很低很低。而且，我们发展技术，不是正可以防范这种危险吗？所以说，对技术的忧虑是自寻烦恼或自卸武功。

是的，这类自然的、外来的灾难的确可能很远很远，而且人类还可能通过技术部分避免、逃逸和延长自己的生存。但在这"很远很远"和我们"切近的生活"之间，却还有一种危险。那就是人类自己制造的危险。且不说超级智能机器和转基因物种，就是悬在人类头顶的数千颗核弹也随时可能对人类造成灭顶之灾。不仅有现成的核武，一些目前无核的发达国家也拥有可以很迅速地进入制造核武的能力，尘封多年的毒气、细菌和生化武器也还有可能启封。在今天人类掌握如此巨大控物能力的技术世界里，人类要给自己造成严重打击几乎是轻而易举。而我们不能排除总是有狂人的亡命之举或正常人的误判。按照事物的自然进程来说，万物皆有兴衰，人类也不例外，但人类能不能享其“天年”？而人类已经在试图改变自然的进程，不断用人为的技术手段改变外界，也改变自己的身体。

人们可能又会回答说：“即便就是灾难临近，甚至哪怕就是明天发生，如果这灾难是不可避免甚至不可预测的，那么，为什么要让它干扰我们现在的心态和生活？”我也不完全反对这种意见，也主张一种坦然的生活，我们该做什么还是做什么。但有一种预警可能也是需要的。总得有人发出声音。而且，如果做出努力，也不是全无希望。就如海德格尔所引荷尔德林的诗句所言：“哪里有危险，哪里也生救渡。”但救渡的前提是：我们首先要看到和正视这危险。

甚至也有这样一种意见：“即便人类被另一种物种代替了，那么，可能也是不赖，甚至那新的物种——比如说硅基生物，还可能是一种更先进的物种呢。”这是一种非常达观或者说乐观的意见。我几乎可以肯定地说，我说服不了持这种一心相信进步或者说不畏惧任何变化的意见的人。我承认我还是有一点个人的执念：人类的历史尽管并不很长，文明史也就只有一万余年，人类尽管有一种作为碳基生物的软弱，但可能正是因此取得了丰硕的精神文化成果。我还是珍惜，甚至无比地珍惜这些成果，也珍惜我们人类的日常生活和各种属人的感情。

在专门研究科技之前，我已经感到，人类精神文化的其他方面与科技文化相比，已然显示出某种落后、停滞甚至无可挽回的衰落样态。在临近近代的时候，我们还看到过突出的表现于艺术的文艺复兴；在 17—19 世纪，我们至少看到了艺术、哲学等人文精神文化的发展还能够基本上与科学技术的发展并行；但到了 20 世纪，我们就看到它们在开始走向下行之路了；到了 21 世纪，我们甚至可以说，这种一上一下已经是一种无可挽回的趋势。一种技术自控的能力本来是可以从这种人文和信仰的精神文化中吸取丰厚资源的，但这种精神文化现在却难以维系自身。

我在小学的时候，大概是在一本教材中读到过一个有关琥珀的故事：一位德国作家柏吉尔写到一只蜘蛛正扑向一只蝇虫，突然被一大滴落下的松脂一起裹住，松脂继续掉落，形成一个松脂球。过了多少万年，才被一个孩子发现这个松脂球的化石。这个故事不知为何让我感伤很久，那两个鲜活的虫子就这样突然地、被它们完全不知道的原因剥夺了生命。这个故事同时也使我有了一种悠久的历史沧桑和无常感。但和人类目前面临的危险是来自自身还不一样，这两个虫子是遇到了一种偶然的灾难和外来的袭击，一切都还是自然的，包括掉落的松脂。地球史上恐龙的灭绝可能也是因为某种突如其来的外来原因——地球遭遇到了彗星的袭击。但是，恐龙毕竟是有过上亿年的自身演化史和几千万年的支配地球的历史的，而人类则只有几百万年的自然演化史（如果从智人来说则只有二三十万年），只有一万年的文明演变史——这同时也是他支配地球的历史。

被种种契机——当前的和早就隐伏的——推动，于是就有了这本书的诞生。在这三年中，我不知不觉在这方面竟然已经写下了十几万文字。下面就简单介绍一下本书的内容。我首先是从人工智能入手的，这就构成了本书的前五篇文章。在第一篇文章中，我探讨了“何以为人，何以为物，人曾何为，人将何为”的问题。在第二篇文章中，我从伦理的角度观察久远的人与物、人与人以及新出现的人与机器的关系。

在第三篇文章中，我探讨了人工智能对人类未来可能提出的最大挑战是什么。在第四篇文章中，我试图回到人类精神文明的开端，回到轴心时代来思考人工智能，因为在古老的开始"接物"的文明发端之后不久，人类就已经有了一种在人的精神与自然万物平衡，也在自己的内部平衡的古老智慧。在第五篇文章中，我交代了我研究人工智能，也是整个高科技带来的挑战的基本方法，那就是一种"底线思维"的方法。

本书的后五篇文章则遵循另一种思路。第一篇文章我探讨了高科技之所以是对人类的一种新的严重挑战，是因为它不仅来自人自身的动机，还特别明显地表现出它会带来一种难以预测的严重后果，所以，不能没有一种预防性的伦理与法律。第二篇有关基因工程伦理的文章则比较具体地考虑了在这个领域中的动机分析和后果预防。第三篇文章试图思考，随着太空科技的发展，想象中的星际"丛林状态"将对人类道德带来的挑战。第四篇文章是综合性的，一般的讨论现代伦理如何应对高科技时代。最后一篇则回到了我最早关注技术问题的初衷，即战争技术所带来的安全距离的消失意味着什么。

应该说，经过这一系列的思考，一些一般的看法已经形成。简要地说，就是认为高科技时代的挑战表现出这样一个鲜明的特点——它带来一种来自人自身的却难以预测的严重后果；人的两种能力的不平衡——控物能力与自控能力的不平衡，认知事物能力的发展和精神其他方面能力发展的不平衡——不仅巨大，而且在继续增大。

这本书中的多数文章曾经发表。《何以为人　人将何为》原刊于《探索与争鸣》2017 年第 10 期；《人物、人际与人机关系——从伦理的角度看人工智能》原刊于《探索与争鸣》2018 年第 7 期；《奇点临近：福音还是噩耗——人工智能可能带来的最大挑战》原刊于《探索与争鸣》2018 年第 11 期；《一种预防性的伦理与法律：后果控制与动机遏制》原刊于《探索与争鸣》2018 年第 12 期；《人工智能与底线思维》原刊于《当代美国评论》2019 年第 1 期；《现代伦理如何应对高科技时代》原刊于《信睿周报》2019 年第 7 期；《回到"轴心时代"思考人工智能》则属于博古睿中心《当中国哲学遇见人工智能》写作计划项目中的一篇，该书将由中信出版社出版。在此，我要向这些刊物和机构致以特别的谢意。

我希望通过这些发表的文章和本书的出版得到各种批评意见。我知道，我所发出的声音肯定还是很微弱的，但也正是因为微弱，才更愿意"嘤其鸣矣，求其友声"。这"友"不仅包括同感之"道友"，也包括批评之"诤友"。

我自己也要继续探索。我基本同意海德格尔在哲学上对技术本质的描述，也赞同技术在我们的时代居支配地位的观点，但认为有些还都主要是对一种状态的描述。我们或许还可以从历史上看看技术发展至此的原因或者说动力机制，也看看和它连带着一起发生了什么。而我们在这些历史原因和社会关联的追溯中，或许能窥见解决这一问题的途径或办法之一二。

何怀宏

2019 年 12 月 24 日